双書⑦・大数学

カントル
神学的数学の原型

落合仁司

現代数学社

序

　神学に数学の言葉を与えた初めての人としてゲオルグ・カントルを描く．これが本書の第一の目的である．もとよりカントルは集合論という無限とその限界を対象とする数学を創始した数学者である．その集合論が神学に新しい言葉を与えた．カントルはそのことを充分に自覚していた．これまであまり語られることのなかったカントル像である．

　カントルの集合論は現代の公理的集合論，論理学の一部としての集合論の源流として語られることが多い．しかしカントルの集合論は現代の論理学に吸収し尽くせるものではない．カントルの集合論は現代の位相幾何学，一般位相幾何学のみならず代数位相幾何学にも濃い陰影を落としている．本書の第二の目的はカントルを位相幾何学の嚆矢と描くことにより，現代の位相幾何学が現代の神学の言葉の源泉となっている事情を詳らかにすることである．神学にカントルが与えた新しい言葉は，現代の位相幾何学が依然として与え続けているのである．

　本書は読者に高校卒業程度の数学とキリスト教の知識以上は要求しない．したがって数学者あるいは数学に関心の深い人にとっては説明があまりにも初歩的で冗長だと感じられようし，神学者あるいは神学に関心の深い人にとってはキリスト教のそこまで説明せねばならないのかと呆れら

れよう．しかし私の長く拙い教育経験によるとここまで噛み砕いて説明せねばいずれか一方の人々に他方の言説は全く理解できないのである．理系と文系の基礎教養の違いに愕然とせざるをえない．

　人間は自分の知らないことに興味を覚える人もいるがハナから拒絶する人もいる．決して分かり合えない他者との遭遇だと覚悟して相手の言い分を聞いてほしい．数学と神学の出会いはほとんど怨憎会苦である．しかし現代という時代は科学と宗教の出会いという怨憎会苦を敢えて引き受けねばならない時代である．あなたの前に対話が途切れればあなたを抹殺しかねない他者が臨在する．そう思い定めて相手の言い分を聞く他はない．

2011年1月

落合仁司

目　次

序

第1章　超限数 Transfinite Numbers ……………　1
　後続数 successors　……………………………　2
　超限数 transfinite numbers　…………………　9
　無限遠点 point at infinity　……………………　16

第2章　濃度 Power ……………………………　27
　濃度 power　……………………………………　27
　非可算性 nondenumerability　…………………　32
　リーマン球面 Riemann sphere　………………　40

第3章　カントルの神学 Cantor's Theology ……　47
　現実的無限 actual infinite　……………………　48
　神 God　…………………………………………　54
　数理神学 mathematical theology　……………　57

第4章　一般位相幾何 General Topology ………　67
　位相空間 topological spaces　…………………　67
　立体射影 stereographic projection　…………　74
　球面 spheres　…………………………………　75

第5章　代数位相幾何 Algebraic Topology …… 85
　射影空間 projective spaces ……………………… 85
　無限遠超平面 hyperplane at infinity …………… 90
　ホップ写像 Hopf map …………………………… 97

第6章　位相神学 Topological Theology ……… 103
　救済論 soteriology ……………………………… 104
　終末論 eschatology ……………………………… 110
　ホモロジー homology …………………………… 116

　注 NOTES ………………………………………… 123
　文献一覧 BIBLIOGRAPHY ……………………… 127

第1章　超限数

　ゲオルグ・カントルは，1845年サンクトペテルブルグに生まれ，1918年ハレに死んだカトリック信徒でユダヤ系ドイツ人の数学者である．彼は無限を対象とする集合論という数学の創始者として数学史に名を残している．

　数学は，分けても近代の数学は，無限を巡って展開して来たと言っても過言ではない．近代数学の黎明を告げるルネ・デカルトの解析幾何学は，空間の点を実数の直積（デカルト積）と解釈することによって，ギリシャ以来の幾何図形をアラビア経由の代数方程式で表現する試みであったが，それは同時に前後，左右，上下へと無限に広がる3次元ユークリッド空間を想定する試みでもあった．またアイザック・ニュートンとゴットフリート・ライプニッツを嚆矢とする微分積分学は，実数の無限列の極限（限界）という概念を不可避とする試みであった．

　しかし17世紀の数学は，ユークリッド空間の無限やその限界（極限）を実践的にこそ活用したものの，それを理論的に根拠付けることはなかった．この状態は18世紀，レオンハルト・オイラーが解析幾何学と微分積分学を縦横

無尽に駆使して解析学と幾何学に大きく貢献した段階でも変化はなかった．無限とその限界（極限）を理論的に根拠付ける試みは漸く 19 世紀，オーギュスタン・コーシーによる無限数列の極限概念の明晰化とゲオルク・リーマンによるリーマン面分けても無限遠点の発見を端緒とする．無限とその限界の理論的な根拠付けは，解析学と幾何学の双方から開始されたのである．

　カントルは，この解析学と幾何学における無限とその限界の基礎付けの試みを受けて，無限とその限界を対象とする全く新しい数学を創始した．それが集合論である．それではカントルの創始した集合論とはいかなる数学か．そもそも集合論の対象である無限とは何か．あるいはいかにも形容矛盾に聞こえる無限の限界とは何か．

後続数

　私たちは，自然数，

$$0, \ 1, \ 2, \ 3, \ \cdots$$

を知っている．さらに私たちは任意の自然数 n にはそれに後続する自然数 $n+1$ が必ず存在することを知っている．したがって私たちは自然数が無限に存在することを知っている．何故ならどんなに大きな自然数 n を持って来ても，

それには後続する自然数 $n+1$ が必ず存在し限りが無いすなわち無限だからである．

　自然数,

$$0,\ 1,\ 2,\ 3,\ \cdots,\ n,\ n+1,\ \cdots$$

は無限に存在する．この事実こそ私たちがカントルと共に無限とその限界を考える差し当たりの出発点である．

　この自然数を集合の言葉を使って表現してみよう．集合とはある対象がそれに属すか否かが常に決定できる対象の集まりである．すなわちある対象 x は集合 y に属すか否かである．

　対象 x が集合 y に属すことを,

$$x \in y$$

その否定を,

$$\neg\,[\,x \in y\,]$$

あるいは

$$x \notin y$$

と書く．

対象 x は集合 y に属すかあるいは属さないかである．このことを，

$$x \in y \vee \neg [x \in y]$$

と書く．

ある集合 y に属す対象 x をその集合の元あるいは要素と呼ぶ．対象として集合しか考えない立場，集合一元論に立てば，ある集合の元それ自身もまた集合である．

ある集合の部分集合を定義しよう．集合 y の任意の元 x が常に集合 z の元である時，すなわち，

$$x \in y \to x \in z$$

である時，集合 y は集合 z の部分集合であると呼び，

$$y \subset z$$

と書く．

定義から明らかなように，集合 z の部分集合には自己自身も含まれる．集合 z の部分集合 y の中で自己自身を含まないものを集合 z の真部分集合と呼び，

$$y \subset z \land y \neq z$$

あるいは

$$y \subsetneq z$$

と書く．

　さて集合の和，和集合を定義しよう．集合 x と集合 y の和，和集合とは集合 x の全ての元と集合 y の全ての元が同時に属す集合を意味し，

$$x \cup y$$

と書く．以下では無限個の集合の和が大活躍する．そこで無限個の集合の和集合を簡単に表現するため，ある集合 w に属す全ての集合の和を，

$$\cup\, w$$

と書くことにしよう．たとえば集合 x と集合 y が集合 w に属す，

$$w = \{x,\ y\}$$

とすれば,

$$\cup w = x \cup y$$

である.

　それでは自然数を集合によって表現しよう. いまいかなる元も属さない集合を空集合と呼び, これを自然数 0 に対応させる. 自然数 1 は 0 に後続する自然数である. この後続するという事態を, ある集合に後続する集合とは, その集合とその集合のみを元とする集合の和であると定義する. すなわち集合 x に後続する集合は,

$$x \cup \{x\}$$

である.

　したがって自然数 0 に後続する自然数 1 は,

$$1 = 0 \cup \{0\} = \{0\}$$

と表現される. 二番目の等号はある集合と空集合の和は定義によってある集合それ自身であることを意味する. ここで空集合と空集合のみを元とする集合は異なることに注意しよう. 空集合のみを元とする集合は一つの元が属す集合

であってもはや空集合ではない．

自然数1に後続する自然数2は，

$$2 = 1 \cup \{1\} = \{0\} \cup \{1\} = \{0,\ 1\}$$

と表現される．すなわち自然数2は自然数0と自然数1の二つの集合を元とする集合である．

同様に自然数2に後続する自然数3は，

$$3 = 2 \cup \{2\} = \{0,\ 1\} \cup \{2\} = \{0,\ 1,\ 2\}$$

と表現される．自然数3は自然数0, 1, 2の三つの集合を元とする集合である．

一般に自然数 n に後続する自然数 $n+1$ は，

$$\begin{aligned}n+1 &= n \cup \{n\} = \{0,\ 1,\ 2,\ 3,\ \cdots,\ n-1\} \cup \{n\} \\ &= \{0,\ 1,\ 2,\ 3,\ \cdots,\ n-1,\ n\}\end{aligned}$$

と表現されよう．任意の自然数 $n+1$ は自然数 0, 1, 2, 3, $\cdots$, $n-1$, n の $n+1$ 個の集合を元とする集合として表現されるのである．

このとき自然数 n は後続する自然数 $n+1$ の部分集合 $\{0,\ 1,\ 2,\ 3,\ \cdots n-1\}$ となると同時に最大の元となるこ

とに注意を促しておこう．ある集合 x に後続する集合 $x \cup \{x\}$ は x をその部分集合とすると同時に最大元とするのである．それがある集合に後続する集合の持つ含意に他ならない．

　0を除く全ての自然数はある自然数の後続として生成される．カントルはある数の後続として数が生成される原理を第一生成原理と呼んだ(1)．集合の言葉で言い換えれば，ある集合の後続としての集合，すなわちある集合を自らの部分集合としかつ最大元とする集合を生成する原理が第一生成原理である．

　しかし全ての数があるいは全ての集合がこの第一生成原理から生成されるわけではない．たとえ0を除く全ての自然数が第一生成原理によって生成されるとしても，その全ての自然数の集合はいかなる自然数にも後続することはありえない．何故なら自然数は無限に存在するので，全ての自然数の集合は最大元を持ちえない．もし全ての自然数の集合に最大元が存在すれば，自然数の存在は有限であることになるからである．したがって全ての自然数の集合はいかなる自然数にも後続せず，第一生成原理によっては生成されえない．

　この全ての自然数の集合は自然数が無限に存在するという意味において無限の集合である．カントルはこの無限集合を対象とするためにこそ集合の概念を導入したのだった．

言い換えれば第一生成原理によって生成される集合だけを考えるのであれば集合論は要らない．第一生成原理によって生成される自然数のような対象をわざわざ集合によって表現したのは，ひとえに第一生成原理によっては生成されえない数を対象とするための準備である．それでは第一生成原理によっては生成されえない全ての自然数の集合という数はいかなる数なのか．

超限数

カントルは全ての自然数の集合を ω と名付けた(2)．すなわち，

$$\omega = \{0,\ 1,\ 2,\ 3,\ \cdots,\ n,\ n+1,\ \cdots\}$$

である．自然数 $n+1$ に後続する $\{,\ \cdots\}$ は，自然数が無限に存在することを何とか表現しようとする気持ちである．

全ての自然数の集合 ω は，全ての自然数を自らの元とすると同時に部分集合としている．何故なら任意の自然数 $n+1$ は定義によって ω の元であるが，それは同時に n 以下の全ての自然数の集合すなわち，

$$n+1 = \{0,\ 1,\ 2,\ 3,\ \cdots,\ n\}$$

であり，この集合は明らかに ω の部分集合となっているからである．

しかし全ての自然数の集合 ω には最大元は存在しない．前節で述べたように，もし ω に最大元が存在すれば，それは自然数が無限に存在することと矛盾するからである．すなわち ω は，自らの全ての元を同時に部分集合とするにも関わらず，最大元を持ちえない．

ここである集合に属す全ての集合の和を思い起こそう．たとえば自然数 $n+1$ に属す全ての集合の和は，

$$\cup n+1 = 0 \cup 1 \cup 2 \cup 3 \cup \cdots \cup n = n$$

である．$n+1$ に属す全ての集合の和 $\cup n+1$ は $n+1$ の最大元 n となっていることは注目に値する．

それでは全ての自然数の集合 ω に属す全ての集合の和，

$$\cup \omega = 0 \cup 1 \cup 2 \cup 3 \cup \cdots \cup n \cup n+1 \cup \cdots$$

は何を表しているだろうか．これは明らかに無限個の集合の和である．しかもここに現われる任意の集合は先行する全ての集合を自らの元としかつ部分集合としている．したがってその総和は全ての自然数を自らの元としかつ部分集合とする集合となろう．そのような集合とは一体どのよう

な集合なのか．

この問いに答えるために，集合の推移性という概念を導入しよう．いま集合 x が集合 y に属しかつ集合 y が集合 z に属す時，集合 x が常に集合 z に属すならば，集合 x, y, z は推移的である，あるいは集合 x, y, z は推移性を持つと呼ぶ．すなわち，

$$x \in y \wedge y \in z \to x \in z$$

である時，集合は推移的である．

たとえば自然数は推移的である．ちなみに自然数 ℓ, m, n において

$$\ell \in m \wedge m \in n \to \ell \in n$$

は常に成立している．全ての自然数の集合もまた推移的であると考えられる．

集合の推移性は極めて興味深い含意を持っている．まず集合が推移的ならば，

$$x \in y \to x \in z$$

が常に成立するので，集合 y は集合 z の部分集合であり，

したがって，

$$y \in z \rightarrow y \subset z$$

が成り立つ．すなわち集合 y が集合 z の元ならば必ず部分集合でもある．

また集合 z に属す全ての集合 y の和は集合 x を元とする．すなわち，

$$x \in \cup z$$

であるので，集合 z に属す全ての集合の和 $\cup z$ は集合 z それ自身の部分集合となる．すなわち，

$$\cup z \subset z$$

である．

自然数 $n+1$ の場合，それに属する全ての集合の和 $\cup n+1$ は，

$$\cup n+1 = n \subset n+1 \wedge n \neq n+1$$

であり，$\cup n+1$ は $n+1$ の最大元であると同時に真部分集

合となっている．

　全ての自然数の集合 ω の場合はどうか．ω が推移的であるならば，

$$\cup \omega \subset \omega$$

が成り立つ．このとき $\cup \omega$ を ω の真部分集合であると仮定すると，$\cup \omega$ は全ての自然数が元として属しかつ部分集合として含まれる集合なのであるから，ω に最大の真部分集合（この場合は最大元に同じ）が存在することになり矛盾が帰結する．したがって $\cup \omega$ は ω の真部分集合ではありえない．それゆえ，

$$\cup \omega = \omega$$

である．すなわち全ての自然数の集合 ω に属する全ての集合の和 $\cup \omega$ は ω 自己自身なのである[3]．

　$\cup \omega$ は全ての自然数を自らの部分集合とする集合であった．このような集合を全ての自然数の上限と呼ぶ．$\cup n+1$ は n 以下の全ての自然数を部分集合とする集合であるから，n 以下の全ての自然数の上限であると言える．この $\cup n+1$ の場合，上限が $n+1$ の内部に存在する，すなわち $n+1$ の最大元と一致している．しかし $\cup \omega$ の場合，それ

は全ての自然数の上限であるが最大元ではない．何故なら全ての自然数の最大元は存在しないからである．

以上の議論で明らかになったことは，この全ての自然数の上限∪ωは全ての自然数の集合ωと一致するという事態である．全ての自然数の上限は，自然数の無限増加数列の極限と言い換えることが出来る．したがって全ての自然数の集合ωは自然数の無限増加数列の極限と一致するとも言えよう．実際，任意の自然数$n+1$の極限はω，すなわち，

$$\lim n+1 = \lim \{0,\ 1,\ 2,\ 3,\ \cdots,\ n\}$$
$$= \{0,\ 1,\ 2,\ 3,\ \cdots,\ n,\ n+1,\ \cdots\} = \omega$$

であろう．

カントルは第一生成原理によって生成される数の無限集合，すなわち最大元を持たない集合の上限を，超限数と呼び，無限集合の上限によって数を生成することを第二生成原理と呼んだ[4]．全ての自然数の集合ωは最初のあるいは最小の超限数に他ならない．

超限数ωは極めて興味深い性質を持っている．ωは無限の元を持つ無限集合すなわち無限である．同時にωはその無限の全ての元の上限すなわち限界である．ωは無限であると同時に限界である．日常言語では端的に矛盾する

無限であることと限界であることがここでは論理的に両立している．無限とその限界の両立を論理的に無矛盾にしたのは，カントルの発見した集合の概念である．集合は無限を属させうると同時に自らがその限界となる概念なのである．

　無限をどのように把握するか，無限をめぐる概念は，古代ギリシャ，中世ヨーロッパ，そして近代の私たちに至るまで長い論争の歴史を持っている．古代ギリシャのアリストテレスは無限を二つの概念に区別して把握しようとした．一つは可能的無限，アリストテレスの概念に忠実に従えば可能態としての無限である．可能的無限は，限り無く後続する未完結の無限，たとえば自然数が無限に存在するという意味における無限，カントルに従えば第一生成原理によって生成される無限である．アリストテレスによれば限りが無いすなわち完結していないものは可能性として存在する，可能態にあるものであるから，可能的無限である．

　二つは現実的無限，アリストテレスに忠実に従えば現実態としての無限である．アリストテレスは現実性として存在するもの，現実態にあるものは何ものかとして限定され完結したものであるから，無限のように限りの無いすなわち完結しないものは現実的には存在しえないと考えた．したがって現実的無限はアリストテレスにとって誤謬でしかない無限の概念である．しかしカントルはこの現実的無限，

完結した無限こそ，自らの発見した無限集合，超限数の概念であると考えた．すなわち第二生成原理によって生成される無限，自らが限界となる無限こそ，現実的無限に他ならないと考えたのである．

カントルの超限数を現実的無限の概念と重ね合わせることの含意は途方もなく大きい．それは単なるアリストテレス哲学への反論に留まるものではなく，キリスト教神学の全体を覆うほど長大な射程を持った問題である．何故なら現実的無限は神の述語に他ならないからである．この問題は改めて第3章で論じることにしよう．

カントルの超限数の概念，自らを限界とする無限の概念は，数学的にはリーマンの無限遠点の概念と深く連関している．この連関を見定めることはカントルの無限とその限界の理論の射程が遥か遠く現代の位相幾何学にまで及ぶことを明らかにするだろう．

無限遠点

自然数が無限に存在することは，私たちの議論の出発点として確認した事実であったが，複素数

$$z = x + iy$$

もまた無限に存在する．自然数の無限と複素数の無限がど

のように同じでありまたどのように異なるかは，カントルの超限数の理論と並ぶもう一つの達成である濃度の理論の対象であるが，それは第2章に委ねる．ここで問題なのは複素数の全体もまた無限集合を生成するという点のみである．

いま全ての複素数の集合を C と書こう．C の元 z は，x 軸，実軸と y 軸，虚軸の直交する平面，複素平面の点と解釈しうる．したがって全ての複素数の集合 C は複素平面それ自体と解釈して構わない．この複素平面の原点を垂直に貫く t 軸を考える．t は実数である．

さて複素平面 C の原点 0 を中心とする半径 1 の球面 S^2 を考えよう．この球面 S^2 と t 軸との交点は $(0, 1)$ 及び $(0, -1)$ であり（ただし座標の第 1 項は複素数，第 2 項は実数である），それぞれを球面 S^2 の北極 N 及び南極 S と呼ぶ．

いま複素平面 C の任意の点 z と球面 S^2 の北極 N を結ぶ直線が球面 S^2 と交わる点を P としよう．点 P の座標は (w, t) と表せる（ただし w は複素数）．点 P の座標 (w, t) を求めてみよう．

z と w の比は 1 と $1-t$ の比に等しいので，

$$w = (1-t)z$$

が成り立つ．

点 P は球面 S^2 すなわち,

$$w^2 + t^2 = 1$$

を充たす点なので，これに $w = (1-t)z$ を代入すれば,

$$(1-t)^2 z^2 + t^2 = 1$$

となる．これを t についての 2 次方程式と見れば,

$$(z^2+1)t^2 - 2z^2 t + z^2 - 1 = 0$$

が導かれる．2 次方程式の根の公式を思い起こせば,

$$t = z^2 \pm 1 / z^2 + 1$$

すなわち,

$$t = z^2 - 1/z^2 + 1 \lor t = 1$$

と解かれる．これを $w = (1-t)z$ に戻せば,

$$w = 2z/z^2+1 \lor w = 0$$

である．

　したがって点 P は，

$$P = (2z/z^2+1,\ z^2-1/z^2+1) \lor P = (0,\ 1)$$

と求められる．すなわち複素平面 C の任意の点 z に対して，球面 S^2 の点

$$P = (2z/z^2+1,\ z^2-1/z^2+1)$$

が唯一つ対応するのである．ただし球面 S^2 の点

$$P = (0,\ 1)$$

すなわち球面 S^2 の北極 N は，複素平面 C の点 z と対応していない．

　そこで複素数 z の（絶対値における）無限増加数列の極限 ∞ を考える．すなわち，

$$\lim z = \infty$$

である．この∞を無限遠点と呼ぶ．複素平面 C の無限に存在する全ての点 z より（絶対値において）大きな，無限遠の彼方に存在する点という命名であろう．

ところで自然数 n の場合，その無限増加数列の極限は全ての自然数の集合 ω であった．すなわち，

$$\lim n = \omega$$

である．したがって複素数 z の無限増加数列の極限，無限遠点∞もまた，全ての複素数の集合 C と同一であるとは考えられないだろうか．すなわち，

$$\lim z = C$$

である．

実際，カントル以前は自然数 n の無限増加数列の極限にも∞が使われていた．すなわち，

$$\lim n = \infty$$

である．現代でもなお解析学等ではこの記法が普通なのではないか．カントルは自らの超限数の理論を記法上も明確に打ち出すため，全ての自然数の集合 ω という記法を編

み出したのであった(5). さらにカントルはリーマン以来の無限遠点∞が, 複素平面すなわち全ての複素数の集合 C という無限集合の (絶対値における) 上限∪C であることを明晰に意識していた(6). 蓋し無限増加数列の極限とはその数列を無限集合と見たときの上限以外の何ものでもないからである. 無限遠点∞は全ての複素数の集合 C の上限∪C, したがって C それ自身の他ではないのである.

この無限遠点∞において, 複素平面 C の任意の点 z に対応する球面 S^2 の点

$$P = (2z/z^2+1, \ z^2-1/z^2+1)$$

はいかなる様相を呈すだろうか. 見通しを良くするために点 P の座標の分子分母を z^2 で割れば,

$$P = ((2/z)/1+(1/z^2), \ 1-(1/z^2)/1+(1/z^2))$$

となる. これに無限遠点を代入すれば,

$$P = (0, \ 1)$$

すなわち球面 S^2 の北極 N に一致する.

複素平面 C の無限遠点∞に対応する球面 S^2 の点 P は

その北極 (0, 1) に一致する．したがって複素平面 C の任意の点 z は球面 S^2 の北極以外の点 P と対応し，無限遠点 ∞ は球面 S^2 の北極 (0, 1) と対応することが導かれる．複素平面 C にその無限遠点 ∞ を加えた集合が球面 S^2 と一対一に対応するのである．このことを第 4 章で導入する概念を先取りして言えば，複素平面 C にその無限遠点 ∞ を加えた集合，すなわち

$$C \cup \{\infty\}$$

と球面 S^2 は位相同型あるいは同相であると呼び，

$$C \cup \{\infty\} = S^2$$

と書く．しかしここでは複素平面 C にその無限遠点 ∞ を加えた集合 $C \cup \{\infty\}$ の全ての元が球面 S^2 の全ての元と対応することが明らかになれば必要充分である．

　この複素平面 C にその無限遠点 ∞ を加えた集合 $C \cup \{\infty\}$ をリーマン球面と呼ぶ．複素平面とその無限遠点の和 $C \cup \{\infty\}$ を球面と呼ぶのは，$C \cup \{\infty\}$ と（2 次元）球面 S^2 が一対一に対応するからである．

　リーマン球面 $C \cup \{\infty\}$ は極めて興味深い性質を持っている．複素平面 C は無限であった．無限遠点 ∞ は複素平

面すなわち全ての複素数の集合 C の上限であり限界であった．さらに無限遠点 ∞ は複素平面すなわち全ての複素数の集合 C それ自身と同一であると考えられた．したがってリーマン球面 $C \cup \{\infty\}$ は，無限の複素平面 C にその限界である自己自身を加えた集合であると考えられる．言い換えればリーマン球面は，

$$C \cup \{C\}$$

と書くことが出来る．

ところで全ての自然数の集合 ω に自己自身のみを元とする集合を加えれば，

$$\omega \cup \{\omega\}$$

であるが，これは ω に後続する集合に他ならない．この集合は全ての自然数をその元及び部分集合として持つと同時に全ての自然数の上限すなわち

$$\cup \omega = \omega$$

を最大元及び真部分集合として持っている．全ての自然数の集合 ω はいかなる集合にも後続しない超限数であるが，

自らに後続する集合 $\omega \cup \{\omega\}$ が存在し，しかもその $\omega \cup \{\omega\}$ は無限集合でありかつ最大元を持つ，したがって無限集合であるが超限数ではなく後続数である集合なのである．

$\omega \cup \{\omega\}$ が全ての自然数の集合 ω の後続数であるのと同様に，リーマン球面 $C \cup \{C\}$ は全ての複素数の集合 C の後続数と考えることが出来る．これら無限集合の後続数は，無限集合であると同時にその上限すなわち限界が内部に存在する集合に他ならない．超限数としての無限集合は自己自身がその限界であるが，限界それ自体は自己の内部に存在しない．集合は自己自身を元としない．しかし後続数としての無限集合は自己の限界が自己の内部に存在するのである．ちなみに後続数としての無限集合 $\omega \cup \{\omega\}$ の限界は，

$$\cup [\omega \cup \{\omega\}] = \cup \omega \cup \omega = \omega \cup \omega = \omega$$

すなわち ω であるが，これは $\omega \cup \{\omega\}$ の内部に最大元として存在している．

リーマン球面 $C \cup \{C\}$ の限界，したがって複素平面 C の限界はリーマン球面の内部に存在している．それゆえ無限の複素平面 C のみでは球面 S^2 の部分にしか対応しなかったにも関わらず，無限の複素平面 C の限界，無限遠点を内部化したリーマン球面は球面 S^2 の全体と一対一に対応することが出来たのである．これは無限の複素平面を，

その限界である無限遠点を加えてリーマン球面に内部化することにより，あたかも有限であるかのように取り扱うことに他ならない．このことは，再び第 4 章の言葉を先取りして言えば，位相空間のコンパクト化と呼ばれよう．カントルの超限数と後続数の理論は現代の位相幾何学を潤す最も深い水脈に位置するのである．

第2章　濃度

　全ての自然数の集合 ω も，それに後続する集合 $\omega\cup\{\omega\}$ も，複素平面すなわち全ての複素数の集合 C も，それに後続するリーマン球面 $C\cup\{C\}$ も，無限集合であった．これらの無限集合はどこが同じでありどこが異なるのか．無限集合を比較する，ここに超限数の理論と共にカントルのもう一つの達成である濃度の理論の出発点がある．

濃度

　二つの集合を比較する，そのためには二つの集合の間の写像を考える必要がある．写像 f とは，集合 x の任意の元 u に対して，集合 y の元 v が一つ対応する事態を指し示す．このとき集合 y の元 v を写像 f の像，それに対応する集合 x の元 u を写像 f の原像と呼ぶ．写像とは関数の集合論における定義と考えればよい．

　写像 f の内，集合 y の元 v に対応する集合 x の元 u すなわち写像 f の原像が一つのとき，写像 f は単射であると呼ぶ．また集合 x の元 u に対応する集合 y の元 v すなわち写像 f の像の集合が集合 y と一致するとき，写像 f は全

射であると呼ぶ.

単射かつ全射である写像fを全単射あるいは双射であると呼ぶ. 写像fが双射であるとは, 集合xの任意の元uに対して集合yの元vが一つ対応すると同時に, 集合yの任意の元vに対して集合xの元uが一つ対応する, すなわち集合xから集合yへの写像fが存在すると同時に, 集合yから集合xへの写像f^{-1}が存在する事態である. この集合yから集合xへの写像f^{-1}を写像fの逆写像と呼ぶ.

二つの集合x, yの間に双射が存在すれば, 集合xの任意の元uに対して集合yの元vが一つ対応すると同時に集合yの任意の元vに対して集合xの元uが一つ対応するのであるから, 集合xの元uと集合yの元vは一対一に対応することになる. 二つの集合x, yの間に双射が存在することが, 二つの集合x, yの元が一対一対応することの厳密な定義なのである.

カントルは, 二つの集合x, yの間に双射が存在するとき, 二つの集合x, yは等濃である, すなわち濃度が等しいと呼んだ[1]. 二つの集合x, yの間に双射が存在すれば二つの集合x, yの元は一対一対応するのであるから, 等濃すなわち濃度が等しいとは二つの集合x, yの元の個数が等しいことと理解して差し支えない. ただし全ての自然数の集合ωの場合, 元の個数は意味を持ちえようが, 全

ての複素数の集合 C の場合，元の個数は意味をなさない．そこで集合の濃度という言葉が選ばれたのである．

集合の等濃あるいは濃度という概念こそカントルの無限論がアリストテレス以来の無限論と真っ向から対立せざるをえなくなった当のものである．全ての自然数の集合 ω とその後続 $\omega \cup \{\omega\}$ を比較してみよう．ω は，

$$\omega = \{0, 1, 2, 3, \cdots, n, n+1, \cdots\}$$

と書ける．同様に $\omega \cup \{\omega\}$ を書くとすれば，

$$\omega \cup \{\omega\} = \{0, 1, 2, 3, \cdots, n, n+1, \cdots \omega\}$$

となろう．ω はその後続 $\omega \cup \{\omega\}$ の最大元でありかつ真部分集合である．元の順番はどう書いてもよいのであるから，$\omega \cup \{\omega\}$ は，

$$\omega \cup \{\omega\} = \{\omega, 0, 1, 2, 3, \cdots, n, n+1, \cdots\}$$

と書くことも出来る．

いま ω の元 0 に $\omega \cup \{\omega\}$ の元 ω を対応させ，ω の元 1 に $\omega \cup \{\omega\}$ の元 0 を対応させ，一般に ω の元 $n+1$ に $\omega \cup \{\omega\}$ の元 n を対応させる写像を考えよう．すなわち

$$\omega = \{0,\ 1,\ 2,\ 3,\ \cdots,\ n,\ n+1,\ \cdots\}$$
$$\downarrow\ \downarrow \qquad\qquad\quad \downarrow$$
$$\omega \cup \{\omega\} = \{\omega,\ 0,\ 1,\ 2,\ 3,\ \cdots,\ n,\ n+1,\ \cdots\}$$

である．この写像は明らかに双射である．何故なら $\omega \cup \{\omega\}$ から ω への逆写像が存在するからである．したがって全ての自然数の集合 ω とその後続 $\omega \cup \{\omega\}$ は，ω が $\omega \cup \{\omega\}$ の真部分集合であるにも関わらず，等濃である．ある集合が自らの真部分集合と等濃である，このようなことは有限集合では決して起こらない．たとえば自然数 n はその後続 $n+1$ の真部分集合であるが，両者の間には n から $n+1$ への単射は存在しえても双射は決して存在しえない．自然数 n とその後続 $n+1$ は等濃ではありえないのである．しかし無限集合 ω とその後続 $\omega \cup \{\omega\}$ は等濃である．無限集合においては自らと自らの真部分集合が等濃でありうるのである．

全体とその部分が等しい．アリストテレスにとって，いかにも矛盾に見えるこのような帰結をもたらすこと自体が，現実的無限，完結した無限，無限の全体，無限集合を考えることが誤謬であることの何よりの証左であった．紀元前4世紀ギリシャのアリストテレスのみならず，17世紀イタリアでニュートンに先行して近代解析学を準備したガリレオ・ガリレイも，19世紀ドイツでリーマンに先行して整

数論を創始したフリードリッヒ・ガウスも，同様の理由によって現実的無限，無限集合を数学の対象とすることを拒絶した(2)．カントルはこれほど重厚かつ長大な伝統と対峙したのである．

さらにカントルを苦しめたのは同時代の数学者たちの拒絶であった．分けてもベルリン大学におけるカントルの指導教授であったレオポルド・クロネッカーの拒絶はカントルを傷付けた．クロネッカーは無限集合あるいは超限数など存在しないという伝統に立脚してカントルの仕事を否定し，彼の論文の学術誌への掲載を拒否するに及んだ(3)．傷心のカントルは神経障害を患うまで追い詰められ，一時は数学を放棄するに至った．

また同時代にフランス数学を領導していたアンリ・ポアンカレの拒絶も意外であった(4)．何故なら第5章に述べるように，ポアンカレの創始した代数位相幾何学にとってもまた，第4章に述べる一般位相幾何学と同様に，カントルの超限数及び濃度の理論は汲めども尽きぬ発想の源泉となる筈だからである．

カントルの集合論はあまりに重厚で長大な伝統に抗わんとする，あまりに大胆で尚早の数学であった．この無限集合，現実的無限の理論の可能性をいち早く見抜き，時代に抗って擁護しようとしたのは同時代の数学者ではなかった．同時代の数学者の拒絶に遭って失意に陥るカントルを擁護

し，その無限集合，現実的無限の理論を高く評価したのは，ネオ・トミズムを掲げてカトリック教会の復権を図ろうとした教皇レオ13世に率いられる神学者たちであった．カントルは数学を放棄した一時期，神学者たちとの交流に自らの活路を見出す．このカントルの神学は，第3章の主題である．

カントルの濃度の理論は，無限集合において全体と部分が一致するという命題を再発見しただけに留まるものではない．むしろより驚くべき全く新しい定理を，それは発見した．全ての自然数の集合 ω と全ての複素数の集合 C は等濃ではないのである．

非可算性

全ての自然数の集合 ω と全ての複素数の集合 C を比較するためには，全ての実数の集合あるいは実数直線 R を考える必要がある．まず ω と R を比較し，しかる後に R と C を比較するのである．何故なら複素平面 C は実数直線 R の直積 R^2 と同一視しうるが，R と R^2 の関係は次節で改めて取り上げねばならないほど大きな問題を孕むからである．

いま全ての自然数の集合 ω と等濃な集合を可算であると呼ぼう．ω と等濃な集合は ω との間に双射が存在するので，その元は自然数の順番に整列させることが出来る．

言い換えればωと等濃な集合の元は自然数の順番で数え上げることが出来る．それゆえωと等濃な集合を可算と呼ぶのである．ちなみに全ての整数の集合及び全ての有理数の集合は可算である．整数も有理数も自然数の順番に整列させることが出来るのである．

可算でないことを非可算と呼ぶことにすれば，全ての自然数の集合ωと等濃でない集合は非可算である．カントルは全ての実数の集合Rが非可算であることを証明した．Rはωをその真部分集合として含むにも関わらず，両者の間に双射は存在しないのである．カントルはこの定理を1874年に証明した[5]．有名な対角線論法による証明は1891年，カントルが神経障害から回復し数学に復帰してドイツ数学会初代会長に就任した大会で発表された[6]．本書では本質的にカントルによるがより現代的な証明を試みよう．

全ての実数の集合Rの任意の元rすなわち任意の実数rは，自然数の無限列で表すことが出来る．たとえば実数πは，

$$\pi = 3.141592653\cdots$$

という無限小数であるが，これをたとえば，

$$\{3,\ 31,\ 314,\ 3141,\ 31415,\ 314159,\ 3141592,$$
$$31415926,\ 314159265,\ 3141592653,\ \cdots\}$$

という自然数の無限数列で表すことが出来よう．最初の自然数は必ずしも一桁でなくてよい．任意の実数 r は無限小数

$$r = a_0.a_1a_2a_3\cdots$$

と書くことが出来るのであるから，自然数の無限数列

$$\{a_0,\ a_0a_1,\ a_0a_1a_2,\ a_0a_1a_2a_3\cdots\}$$

で表すことが出来る．この自然数の無限数列こそ，全て自然数の集合 ω の（無限）部分集合に他ならない．

任意の実数 r は全て自然数の集合 ω の部分集合で表すことが出来る．実数を有理数から構成する方法として，カントルの友人リヒャルト・デデキントが発見した有理数の切断が有名であるが，この有理数の切断とは全ての有理数の集合の部分集合に他ならない．全ての有理数の集合は可算，すなわち全ての自然数の集合との間に双射が存在するのであるから，実数は全ての自然数の集合 ω の部分集合と同一視出来ると言うことに差し支えはない．

ある集合 x の全ての部分集合の集合をベキ集合と呼び，

$$P(x)$$

と書く．全ての自然数の集合 ω のベキ集合は，

$$P(\omega)$$

である．

　任意の実数 r は ω の部分集合なのであるから，全ての実数の集合 R は ω の全ての部分集合の集合，すなわちベキ集合 $P(\omega)$ と一致する．

$$R = P(\omega)$$

である．

　それでは全ての自然数の集合 ω と全ての実数の集合 R すなわち ω のベキ集合 $P(\omega)$ との間に双射は存在するであろうか．

　ω から $P(\omega)$ への単射が存在することは明らかである．何故なら ω の任意の元 n に対する $P(\omega)$ の元

$$\{n\}$$

が存在し，その原像は n のみだからである．

　さて ω から $P(\omega)$ への全射が存在すると仮定しよう．このとき $P(\omega)$ の任意の元 r に対する ω の元 n が必ずし

も一つでなく存在する．$P(\omega)$ の元 r は ω の部分集合であるから，n は r に属すか否かである．いま r に属さない全ての n の集合を q とすれば，q は ω の部分集合でありしたがって $P(\omega)$ の元である．この $P(\omega)$ の元 q の原像を m とすれば，m は q に属すか否か．

もし m が q に属すとすれば，q は自らの原像が自らに属さない集合なのであるから，m は q に属してはならず矛盾が生じる．逆に m が q に属さないとすれば，再び q は自らに属さない全ての自らの原像の集合なのであるから，m は q に属さねばならず矛盾が生じる．したがって仮定は否定され，ω から $P(\omega)$ への全射は存在しない．

ω から $P(\omega)$ への単射は存在するが全射は存在しない．それゆえ ω と $P(\omega)$ の間に双射は存在しないのである．このことは全ての自然数の集合 ω と全ての実数の集合 R との間に双射は存在しないことを意味する．すなわち R は ω と等濃ではなく，非可算なのである．

このカントルの発見した定理は，全ての実数の集合 R は全ての自然数の集合 ω と等濃ではない，ただし ω から R への単射が存在するので，R の無限は ω の無限より大きいあるいは濃い，という主張に留まるものではない．この定理は，任意の無限集合 x のベキ集合 $P(x)$ の無限は常に x の無限より大きいあるいは濃いというより一般的な命題を主張している．すなわち無限は唯一つではなく，

その無限より大きなあるいは濃い無限，ベキ集合の無限が必ず存在するのである．この定理はそれまでの数学が予想だにしなかったカントルの全く新しい発見である．それゆえ今日この定理はカントルの定理と呼ばれている．

カントルの定理によれば，任意の無限集合 x にはその無限の大きさあるいは濃さすなわち濃度より大きなあるいは濃い濃度を持つそのベキ集合 $P(x)$ が必ず存在する．それではある無限集合 x の濃度とそのベキ集合 $P(x)$ の濃度の中間の濃度というものはないのであろうか．この中間の濃度がないという主張が，カントルの有名な連続体仮説である．連続体とは差し当たり自然数は離散的であると言うことに対して実数は連続的であると言う場合の連続体であり，実数を指し示すと考えてよいが，実数以上の無限集合は全て連続体であるとも言えよう．したがって最も単純な連続体仮説は，全ての自然数の集合の濃度と全ての実数の集合の濃度の中間の濃度を持つ集合は存在しないという命題である．カントルは連続体仮説を予想として提起したが証明は出来なかった．

また1903年，バートランド・ラッセルはカントルの集合論に重大な自己矛盾が胚胎することを発見した．有名なラッセルのパラドックスである．

いま自己自身を元としない全ての集合の集合 q を考えよう．この q それ自身は自己に属すか否か．もし q が自

己自身に属すとすれば，q は自己自身を元としない集合の集合なのであるから矛盾を帰結し，逆に q が自己自身に属さないとすれば，再び q は自己自身に属さない集合の集合なのであるから矛盾を帰結する．それでは自己自身を元としない集合の集合 q をどうすればよいのか．

カントルの集合論は連続体仮説が証明可能であるのか否か，さらにカントルの集合論は自己自身を元としない集合の集合を排除しうるのか否か，これらのことが問われねばならない．すなわちカントルの集合論はいかなる定理が証明可能であり，またいかなる公理を前提せざるをえないのかが問われねばならない．カントル以後の集合論が自らの前提する公理を明確化し，何が証明可能であるか否かを確実に判断出来る方向，すなわち公理化に向かったのはむしろ当然と言えよう．

公理的集合論はラッセルのパラドックスの排除に成功した．何のことはない，公理として自己自身を元とする集合を排除したまでである．自己自身を元とする集合が集合でないなら，自己自身を元としない集合は集合の全てである．全ての集合の集合は定義によって自己自身を元とするので集合ではない．したがって自己自身を元としない全ての集合の集合は排除される．

それでは公理的集合論は連続体仮説の証明に成功したか．答えは否であった．1937 年クルト・ゲーデルは，公理的

集合論が無矛盾ならそれに連続体仮説を付け加えても無矛盾である，いわゆる連続体仮説の相対的無矛盾性を証明した．連続体仮説は公理的集合論と少なくとも両立可能であるという結果である．しかし1963年ポール・コーエンは，公理的集合論が無矛盾ならそれに連続体仮説の否定を付け加えても無矛盾である，いわゆる連続体仮説の独立性を証明した．連続体仮説は公理的集合論とは完全に独立な，それゆえ公理的集合論から証明もされなければ否定もされない仮説だったのである．

現代の公理的集合論は，コーエンが連続体仮説の独立性証明において編み出した強制法という手法を存分に活用して巨大な濃度の集合を巡った様々な成果を生み出し続けている．したがってカントルの数学はこの現代の公理的集合論，ゲーデルの不完全性定理に代表される数学基礎論，（数理）論理学の一領域としての公理的集合論への序曲として語られることが圧倒的である．しかし果たしてカントルの数学の射程は現代の論理学の範囲のみに収まるのであろうか．本書はカントルを現代論理学の一つの源流として描こうとする今日の主流に抗って，カントルの数学をむしろ現代の位相幾何学，一般位相幾何学さらには代数位相幾何学の有力な源泉として位置付けると共に，現代の神学，数理神学の嚆矢として再発見しようとする試みである．カントルを位相幾何学の源泉と位置付けることはともかく，彼を

数理神学の嚆矢と再発見するとは何事か．今暫くお付き合い願いたい．

リーマン球面

全ての自然数の集合 ω と全ての実数の集合 R は等濃でなかった．それでは R と全ての複素数の集合 C はいかなる関係にあるか．複素平面 C は実数直線 R の直積 R^2 と同一視することが出来る．それでは直線 R と平面 R^2 はいかなる関係にあるか．

カントルは直線 R と平面 R^2 の間に双射が存在することを証明した．一般に実数直線 R の n 本の積と同一視される空間を n 次元ユークリッド空間と呼ぶ．ちなみに直線 R は 1 次元ユークリッド空間，平面 R^2 は 2 次元ユークリッド空間である．したがってカントルは 1 次元ユークリッド空間 R と 2 次元ユークリッド空間 R^2 の間に双射が存在することを証明したことになる．この結果は容易に一般化されよう．カントルはこの結果が n 次元ユークリッド空間 R^n と m 次元ユークリッド空間 R^m の間に双射が存在することにまで一般化されると予想した．

カントルはこの証明の最初の草稿を書き記した友人デデキント宛の 1877 年 6 月 29 日付けの手紙にこう書いた[7]．

Je le vois, mais je ne le crois pas.
私は見た，しかし信じられない．

　彼は証明した．しかしその彼自身が信じられないほどの結果だったのである．何故なら次元の異なる空間の間で双射が存在するならば，そもそも次元の違いとは何なのか．カントルは次元の差異が融解してしまうような感覚に襲われた．

　デデキントはさすがに冷静だった．カントルに対する 1877 年 7 月 2 日付けの返信で彼は，「次元の異なる空間の間に双射が存在するならば，それは連続ではない．」と喝破したのである[8]．

　今日，位相幾何学の一つの結果として，ユークリッド空間の間に連続な双射，すなわち同相写像が存在すれば空間の次元は同一であるという定理，次元の不変性と呼ばれる定理がよく知られている．デデキントはこの定理の成立を予想していたことになる．カントルの証明はユークリッド空間の間の写像が双射であることまでは考慮していたが，連続であるか否かは考慮の外であった．そもそもカントルの集合論では写像の連続性は考慮されえないのである．

　しかしカントルの結果が誤っていたわけではない．1 次元ユークリッド空間 R と 2 次元ユークリッド空間 R^2 の間に双射が存在することは，無限集合における部分と全体

の一致の連続体における例となっている．実際，直線は平面の部分であり，その間に一対一対応が存在すると言うのである．カントルの言いたかったことは無限集合における部分と全体の一致は，全ての自然数の集合と等濃な集合の全体と部分に限られるわけではなく，全ての無限集合においてその全体と等濃な部分が存在すると言うことだったとも考えられる．しかしカントルは全体と部分に双射が存在するか否かは問うたが，その写像が連続か否かは問わなかった．写像の連続を考慮してもなお，無限集合における全体と部分の一致は存在しうるのであろうか．

　ここまで写像の連続という言葉をあたかも既知であるかのように使用して来たが，もとよりカントルの集合論の内部で写像の連続が既知である筈もない．連続写像の概念は第4章に述べる一般位相幾何を待って始めて適切に定義される．しかし無限集合における全体と部分の一致が連続な双射のもとでありうるか否かという問いに答えるためには，差し当たり集合論の内部で連続写像を仮に定義しておく必要があるだろう．たとえばこういう定義が可能である．

　連続写像とは集合 x から集合 y への写像 f において，x の像 $f(x)$ が上限 $\cup f(x)$ を持つとき，その原像 x それ自身もまた上限 $\cup x$ を持つことである．この定義は一般位相幾何における連続写像の定義，集合 x から集合 y への写像 f において，x の像 $f(x)$ が開集合ならば，その原像 x

それ自身もまた開集合であるという定義を，集合論の内部に何とか落とし込んだものである．

このとき連続な双射とは集合 x から集合 y への写像 f が連続であり，かつその逆写像 f^{-1} が存在し連続であることと定義される．連続な双射，連続な逆写像の存在する連続写像のことを，第4章の定義を先取りして言えば，位相同型写像あるいは手短に同相写像と呼ぶ．また同相写像の存在する集合を位相同型あるいは同相であると呼ぶ．

したがって問題は同相な無限集合において全体と部分の一致は存在するか否かという問いである．ここで前章に述べたリーマン球面を思い起こしていただきたい．そこではリーマン球面 $C \cup \{\infty\}$ から（2次元）球面 S^2 への写像 p が存在していた．すなわち，

$$z \in C \to (2z/z^2+1,\ z^2-1/z^2+1) \in S^2$$

$$\infty \in \{\infty\} \to (0,\ 1) \in S^2$$

である．

この写像 p には逆写像 p^{-1} が存在する．すなわち，

$$t \neq 1 \wedge (w,\ t) \in S^2 \to w/(1-t) \in C$$

$$t = 1 \wedge (0, \ 1) \in S^2 \to \infty \in \{\infty\}$$

である．したがって写像 p は双射である．

また球面 S^2 の任意の元は絶対値 1 以下なので，球面 S^2 には上限 1 が存在する．このときリーマン球面 $C \cup \{\infty\}$ には上限すなわち無限遠点 ∞ が存在している．ここでの定義に従えば，これは写像 p が連続であることを意味する．逆写像 p^{-1} もまた連続であることは明らかであろう．それゆえ写像 p は同相写像となっている．

リーマン球面 $C \cup \{\infty\}$ と（2 次元）球面 S^2 の間には同相写像 p が存在するのである．ところでリーマン球面 $C \cup \{\infty\}$ は無限の広がりを持つ平面であった．これに対して球面 S^2 はその表面積が 4π である有限の広さを持つ球面である．球面 S^2 の広さ 4π はリーマン球面 $C \cup \{\infty\}$ の無限の広さの一部分にしか過ぎない．しかし両者は無限集合として同相である．面積 4π の無限集合 S^2 とそれを部分として含む面積無限大の無限集合 $C \cup \{\infty\}$ は等濃であるのみならず同相なのである．

カントルの言わんとした全ての無限集合においてその全体と等濃な部分が存在するという命題は，無限集合においては全体と同相な部分が存在すると言い換えることが出来る．この事実が，位相幾何学という数学を成立させるその可能根拠なのである．何故なら位相幾何学とは，面積 4π

の球面 S^2 のような空間が面積無限大のリーマン球面 $C \cup \{\infty\}$ のような空間と同相にすなわち一対一かつ連続に重ね合わせることが出来る，面積 4π の球面 S^2 のような空間をあたかもゴム風船のように伸び縮みさせ，面積無限大のリーマン球面 $C \cup \{\infty\}$ のような空間と同一視しうるまでに変形することが出来るとする幾何学だからである．
「ゴム風船の幾何学」と呼ばれる位相幾何学は，無限集合の部分と全体は一致すると言う，アリストテレスやガリレイやガウスやクロネッカーやポアンカレさえもが峻拒した命題を，重厚長大な伝統に抗って再主張したカントルに少なからず恩恵を被っているのである．代数位相幾何学の祖ポアンカレはこの事実を一体どのように考えるのであろうか．

第3章　カントルの神学

　カントルは自らの発見した超限数と濃度の理論，無限とその限界及び無限の全体と部分の理論が，同時代の数学者の冷淡な拒絶に遭い，失意のあまりか1884年，神経障害に陥る．その神経障害から回復した1885年以降，ドイツ数学会初代会長として数学に復帰する1891年まで，彼は同時代のカトリック系神学者との交流に自らの活路を模索していた．

　しかしカントルが神学者としての顔を見せるのはこの時期に限られるわけではない．夙に1883年，超限数の理論を確立した主著『一般集合論の基礎』において彼は，自らの発見した超限数の概念が，古代ギリシャ，中世ヨーロッパ以来の長い歴史を持つ現実的無限の概念の数学的なモデルになると考えていた．すなわちカントルは超限数の概念，自らの限界が自らである無限の概念が，現実的無限の概念，完結しているという意味において限界を有する無限の概念の数学的モデルとなることによって，現実的無限の概念それ自体を擁護しうると考えていたのである．

　現実的無限とは神の述語に他ならない．それではカント

ルの神学を見て行こう．

現実的無限

　古代ギリシャ人にとって無限は極めて逆説的な存在であった．人類最初の哲学者集団であった考えられるミレトス学派のアナクシマンドロスは，万物の根源を無限であると考えた．物事の端緒はいかなる限定もなされていない無限定の事態であるに違いないと考えたのである．

　しかし古代ギリシャ人は物事の本質，その何であるかは，そのものがそのものとして限定されている事態，他のものと境界付けられそのものとして形付けられている事態であると考えた．彼らは物事とは，いかなる限定もなされていない無限定の素材から，何ものかとして限定され形付けられることによって生成する事態であると考えたのである．

　分けても数学の祖と考えられるイオニア学派のピュタゴラスは，万物の本質を生成する形を，数あるいは図形であると考えた．世界の本質は数学によって表現されると考えるこのピュタゴラス主義は，現代の諸科学にそのまま継承され，今日なお数少ない人類普遍の思想として不動の地位を保っている．

　古代ギリシャ人にとって何ものとしても限定されない無限は素材，質料であり，それは何ものかとして限定され形付けられる，形相を与えられることによって初めてこの世

界に存在しうる．この形相がプラトンの言うイデアでありアリストテレスの言うエイドスに他ならない．いずれも見るという動詞の語根イドから派生した形を意味する言葉である．

　アリストテレスは無限の質料が限定され形相を与えられることによってこの世界の存在に生成される過程を，無限の可能性が限定され完結されることによってこの世界の存在という現実性が生成あるいは完成されると考えた．すなわちアリストテレスは，無限は限定されていない，未だ完成していない可能性の状態，可能態であり，それが何ものかとして限定され完成させられることによってこの世界に存在するという現実性の状態，現実態になると考えた．したがってアリストテレスにとって現実態としての無限は存在してはならない事態なのである．

　実際アリストテレスは，可能態としての無限，可能的無限と，現実態としての無限，現実的無限を概念として区別した上で，現実的無限が不可避的に矛盾を帰結することを論証しようとした．それが前章に述べた現実的無限，完結した無限を許容すれば全体と部分が一致するという，アリストテレスには端的な論理矛盾としか見えない事態が帰結する論証である．何しろアリストテレスは，全体は部分の総和以上であるという言明で知られる哲学者である．部分の総和どころか一つの部分と全体が一致するような事態が

あってはならないのである.

アリストテレスは現実的無限の概念を,矛盾を帰結するとして禁止した.現実的無限の概念が,完結した無限,したがって何らかの終末,限界を有する無限の概念である以上,この概念が日常言語の用法から見て矛盾を帰結することはアリストテレスの指摘を待つまでもなくほとんど自明である.紀元前4世紀のアリストテレスによる禁止以降19世紀末のカントルに至るまでほぼ2400年,このアリストテレスの禁忌に抗った数学者は誰一人いなかった.しかし神学者は別であった.

プラトンやアリストテレスといった古代最高の哲学者たちを輩出したギリシャ・ローマ世界がキリスト教に改宗したのは,キリスト教成立からほぼ300年後の4世紀である.人間の知恵を誇ったギリシャ・ローマ世界が神の愚かさを信じるキリスト教に何故改宗したのかは今日なお興味の尽きない問題であるが,いずれにせよヨーロッパはキリスト教化された.

キリスト教の神は一体何ものか,神は何であるか,ギリシャ哲学を少しでも齧ったことのある往時の知識人たちがこの問いを問わなかった筈はない.しかし「いまだかつて,神を見た者はいない」(ヨハネ 1.18).神はその何であるかを決して把握しえない何ものかなのである.ギリシャ哲学の教養を身に付けた往時のキリスト教指導者たち,すな

わちギリシャ教父たちは，数世紀に渡る論争の末，こう結論した．8世紀のギリシャ教父ダマスコスのヨアンネスは，それまでのキリスト教神学を集大成した『正統信仰論』において，

　　神は無限であり把握不能である．神について把握可
　能なことはその無限性と把握不能性のみである．

と定式化した(1)．神はその何であるかを限定しえず把握しえない．神は無限である他はないのである．

　しかしギリシャ哲学において無限はこの世界の質料，未完の可能性に過ぎない．無限は形相を与えられ，完成されることによってこの世界の存在に生成される．それでは神は未完の可能性であり，何らかの形を与えられることによって完成されるべき存在なのか．中世ヨーロッパのキリスト教神学者にこの帰結が受け入れられるはずもない．神は完全であり，完結しており，完成されてあらねばならない．神は完全な，完結した，完成された，すなわち終末，したがって限界を有する無限であらねばならないのである．

　中世ヨーロッパのキリスト教神学，すなわちスコラ神学を代表する13世紀のトマス・アクィナスは，その主著『神学大全』において，

> 神こそは無限であり完全であることは明らかである．

と言明した(2)．神は完全な，完結した，完成された無限，すなわち現実的無限であらざるをえないのである．アリストテレスが厳禁した現実的無限の概念を，アリストテレスに最も忠実であったトマスが使用せざるをえなかった．神は限界を有する無限であると述語付けざるをえないほど矛盾に充ちた存在なのである．中世ヨーロッパの神学が辿り着いたのはここまでだった．

17世紀以降の近代科学とその言語である近代数学は，限界を有する無限，現実的無限を理論的に語るのではなく実践的に使うところから始まった．ニュートンとライプニッツが創始した近代解析学は，実数の無限数列の極限という現実的無限の使用を不可避としていたし，デカルトを嚆矢とする近代幾何学は，実数直線の直積という無限のユークリッド空間を想定したのみならず，そこに無限遠点という無限空間の限界が導入されることにより，現実的無限の幾何学の様相を呈して来た．しかし近代数学は19世紀末のカントルに至るまで，この現実的無限の理論的基礎付けに躊躇していた．アリストテレスの禁忌を恐れていたと言う他はない．

この間，近代哲学はどうしていたか．イマニュエル・カントはアリストテレスの禁忌にひたすら忠実であったが，

フリードリッヒ・ヘーゲルは違った．ヘーゲルの哲学は物事の端緒としての無限が，何ものかとして限定された有限な物事と区別され対立する相対的無限の段階を経て，自らが自らの限界となる絶対的無限すなわち現実的無限へと生成発展する発展段階論，いわゆる弁証法的発展の哲学である．ヘーゲルの体系にあって現実的無限は，端緒である可能的無限が限定されることによって否定された有限の対立物であることが再び否定され，限界を有しつつも無限である対立物の統一として高次の統合を果たした位置にある．ヘーゲルは大胆にもアリストテレスの禁忌を犯し，現実的無限を無限とその限界が統合された弁証法的発展の最高段階に位置付けようとしたのである．

しかしヘーゲルの追っ駆け諸兄姉には誠に申し訳ないが，このヘーゲルの弁証法「論理」は現実的無限の内包する矛盾，限界を有する無限という矛盾を何も解決していない．そもそもAとその否定¬Aを弁証法的に統一せんとするヘーゲルの弁証法「論理」は，およそ論理的一貫性すなわち無矛盾性を要求しうる性質のものではないのである．Aとその否定¬Aは両立しえない．この矛盾律は，論理さらには数学に携わる者にとって，ついに譲れぬ一線なのである．

限界を有する無限，現実的無限を，論理的矛盾を侵さずに肯定する．これが数学者カントルに課せられた課題であった．カントルはこの課題を無限の全体すなわち集合を考

えること，そのことによって無限の限界が自らの全体であることを証明することにおいて遂行した．カントルの超限数の理論である(3)．無限の全体，無限集合が存在することを公理として許容すれば，無限が限界を有すること，無限の限界が自らの全体であることは証明可能な定理となる．カントルはアリストテレスの禁忌を現実的無限が矛盾を帰結しないことを証明することによって乗り越えた．現実的無限を肯定するに際し，ヘーゲルのように矛盾が内包されているから真だと言うよりも，カントルのように矛盾が帰結しないから真だと言う方がより益しなのではないだろうか．

しかし19世紀末の数学者たちはカントルによる現実的無限の理論的擁護あるいは基礎付けにほとんど情緒的な拒絶を示したことはすでに述べた通りである．アリストテレスの禁忌が本来的に自由な筈の数学者の精神を深く呪縛していたと考える他はない．しかし神学者たちは違った．

神

19世紀末のキリスト教分けてもカトリック教会は，1878年から1903年まで教皇であったレオ13世が，キリスト教とあたかも両立不能に見える近代科学と，カトリック神学の中核をなすトマス・アクィナスの神学，いわゆるトマス主義がむしろ両立可能であり相補的ですらあると考える新

トマス主義を高々と掲げ，近代世界におけるキリスト教の場所を再構築せんとした時代である．教皇レオ13世は1879年，有名な回勅『エテルニ・パトリス』を発し，全カトリック教会に近代科学とトマス主義の相補性を探究することを号令した(4)．

トマスによれば，神は完全な，完結した，完成された無限，すなわち現実的無限である．しかし現実的無限には論理矛盾を帰結するというアリストテレス以来の嫌疑が掛かっている．ドイツのカトリック神学者コンスタンティン・グートベルレットは1886年の論文『無限の問題』において，現実的無限のモデルとしてカントルの超限数を考えることにより，この嫌疑を晴らそうとした(5)．すなわち現実的無限，限界を有する無限は，カントルの超限数，自らが限界である無限をそのモデルとすれば全く無矛盾となる．したがってトマスの神学はカントルの数学をモデルとすれば何の矛盾も帰結しない．

同時にカトリックの神学者たちは，カントルの超限数を神の述語である現実的無限のモデルとする以上，それを神以外の対象に述語付けてはならないと指摘することを忘れなかった．何故なら神ではないこの世界が神と同じ現実的無限，したがって超限数であると述語付けられるならば，この世界それ自体が神であることになってしまうからである．この世界それ自体が神である，汎神論と呼ばれるこの

思想はキリスト教のみならず全ての一神教において決して受け入れることの出来ない異教である．神とこの世界の差異，神はこの世界の他者である，これが一神教のついに譲れぬ一線なのである．それゆえ超限数を神以外の対象に述語付けてはならない．教皇不可謬論で有名な枢機卿ヨハネス・フランツェリンは1886年のカントル宛の手紙の中でそう指摘した(6)．

カントルはこうした神学者たちの彼の数学への深い関心と熱い支持を強く誇りにしていた．数学者たちの無関心と冷たい拒絶に遭って失意のどん底に突き落とされていたカントルにとって，教会の関心と支持は真に救いであったに違いない．さらにカントルは自分の数学がキリスト教神学に新たな展開をもたらすであろうことを的確に予想していた．彼は1896年2月15日付けのカトリック神学者トマス・エッサー宛の手紙においてこう書いている(7)．

　　自分によって初めて，キリスト教哲学は無限の真の
　　理論を与えられるであろう．

カントルの数学がキリスト教の神学にどのような新しい展開をもたらしたのか．漸くこの問いを問う時が来た．

数理神学

 神学は，神と私たち人間を含むこの世界の関係を対象とする学問である．もとより「いまだかつて，神を見た者はいない」（ヨハネ 1.18）．神は，この世界の存在ではなく，この世界の他者である．神の本質，神の何であるかは，私たち人間を含むこの世界においては把握しえず限定しえない．神は無限であり，存在においても能力においても有限である私たちを絶対的に超越している．神は無限の超越に他ならない．

 私たち人間は，空間的にも時間的にも有限であり，身体的な病苦や経済的な貧苦，愛の欠如や希望の喪失に苦しむ，限界付けられた存在である．私たち人間を含むこの世界もまた，空間的にも時間的にも有限な存在であり，神の無限の超越と両立不可能なまでに対立している．

 しかし宗教は，この無限に超越する神が，存在の限界に苦しむ私たち人間の傍らに臨在し，有限のこの世界に内在することによって，私たちを含むこの世界が救われる，救済されるとする営為である．無限に超越する神が限界付けられたこの世界に内在することなしに宗教は，少なくともキリスト教を含む一神教は成立しえないのである．

 無限に超越する神が限界付けられて内在する．この言明は日常言語の論理から見れば端的な論理矛盾である．所詮，宗教は論理矛盾である，と言い切ってしまえば話は終わり

である．だからと言って，論理矛盾があるからこそ宗教である，と開き直るのはいかにも非合理である．たとえ宗教の言明であったとしても，そこに論理矛盾が存在すれば，それは無意味な言明に過ぎない．無限の超越が同時に限界付けられた内在であることを，論理矛盾を侵さずに弁明することが求められるのである．

カントルの集合論，分けても自らが限界である無限，すなわち超限数の理論は，神学のこの文脈に登場する．神をカントルの超限数すなわち無限集合であると述語付けることが許されるならば，神は自らに限界付けられる無限であり，無限に超越しつつも限界付けられて内在することが論理矛盾を侵さずに言明しうる．カントルの数学は神学の言わば最も根本的な命題を，論理矛盾を侵さずに弁明する言語を与えるのである．

カントルの数学はキリスト教神学に神は無限の超越であると同時に限界を有する内在であるという根本命題を矛盾無く弁明する言語を与えると述べた本節と，カントルの数学が神は現実的無限であるという命題を矛盾無く弁明する言語となると述べた前節に，何らかの齟齬を感じられた向きもあるいはあるかも知れない．いずれも神は限界を有する無限であるといういかにも矛盾に充ちた事態を矛盾無く弁明せんとしてカントルの数学を援用する点では同一であるが，前節の場合，神は完全な無限であるがゆえに限界を

有する無限であったのに対し，本節の場合，神は限界付けられたこの世界に内在する無限であるがゆえに限界を有する無限であらざるをえないという点に差異がある．すなわち前節においては，神は完全であるがゆえに限界を有するのに対して，本節においては，神はこの世界が限界付けられているがゆえに限界を有さざるをえないのである．

この世界が限界付けられているとは，私たち人間から見れば私たちの存在と能力が限界付けられていることであり，それは私たちの弱さ，私たちの苦しみに他ならない．しかし神は完全であるがゆえに限界付けられる．それは神が完全であるがゆえに限界付けられることによって私たち人間を含むこの世界に内在すること，神が完全であるがゆえに限界付けられることによって私たちの弱さ，私たちの苦しみを共にすることを含意しよう．神ご自身の言葉によれば，

My strength is made perfect in weakness．（2 Cor. 12.9）
私の力は弱さにおいて完全になる．（第二コリント 12.9）

神は現実的無限，完全な無限であり，自らを限界とする無限であるがゆえに，限界付けられた私たちの弱さに内在し，私たちの苦しみを共に苦しみうるのである．神は完全であるからこそ弱い，神は弱いからこそ完全である．このキリスト教の根本的な逆説を，カントルの数学は全く無矛

盾な言明として弁証するのである．

カントルの数学は，限界付けられた無限という日常言語の論理から見れば論理矛盾にしか見えない概念を，全く無矛盾な概念として成り立たせる．カントルは無限集合 x にその上限 $\cup x$ が存在し，超限数 y においては y と $\cup y$ が一致することを証明した．このカントルの数学，超限数の理論が確立されたのは 1883 年，主著『一般集合論の基礎』においてであった[8]．

カントルの超限数の理論は，ある集合 x の部分集合の集合 y に上限 $\cup y$ が存在するとき，その集合 x を位相空間と呼び，位相空間 x が $\cup y$ と一致するとき，その y の元である有限個の部分集合の和とも一致するならば，x はコンパクトであると呼ぶ数学，一般位相幾何学に発展して行く．この一般位相幾何学の誕生が告げられたのは 1914 年，フェリックス・ハウスドルフの主著『集合論概要』においてであった[9]．

ハウスドルフの主著は今日，一般位相幾何学として知られるほとんど全ての概念を提起しているにも関わらず，自らは集合論を名乗っている．カントルの集合論はそれほどにも自然に一般位相幾何学に接続するのである．第 4 章ではカントルの数学の極めて自然な延長として一般位相幾何学を導入する．この一般位相幾何学がキリスト教神学にどのような新しい展開をもたらすかは第 6 章の課題である．

カントルの数学はまた，無限における全体と部分の一致，アリストテレスが端的な論理矛盾として拒絶した命題を無矛盾な定理として証明する．無限の全体は等濃な部分を持つという定理である．このカントルの数学，濃度の理論に，写像の双射のみならず連続をも考慮に入れるならば，無限の全体は同相な部分を持つという位相幾何学，一般位相幾何学と区別すれば代数位相幾何学の根本的な前提が導かれよう．それは空間の全体を部分に貼り合わせたり，空間の部分を全体に引き伸ばしたりという位相幾何学の基本的な操作を可能にする根拠である．カントルの集合論は，一般位相幾何学のみならず代数位相幾何学にもまた極めて自然に延長されるのである．

　代数位相幾何学の嚆矢は19世紀末のポアンカレであったが，それが数学の主流に躍り出るのは1935年，パーヴェル・アレクサンドロフとハインツ・ホップの共著『位相幾何学』を待ってであった(10)．『位相幾何学』は，一般位相幾何学を集合論的位相幾何学と呼んでその諸概念を定式化した上で，代数位相幾何学，言わば本来の位相幾何学のそれまでの成果を集大成し，球面や射影空間といった基本的な幾何図形が，無限空間に対する限界付与の有り方の差異によって鮮やかに分類される様相を描き出す．無限空間に対する限界付与の有り方の差異は，無限に超越する神が限界付けられたこの世界に内在する有り方の差異のモデル

となるだろう．

第5章ではこの代数位相幾何学を，カントルの集合論，したがって一般位相幾何学の延長に，キリスト教神学にもたらす結果に必要な限りにおいて導入する．代数位相幾何学がキリスト教神学にどのような新しい展開をもたらすかは再び第6章の課題である．代数位相幾何学が無限への限界付与の諸様態を分類する数学である以上，そのキリスト教神学への結果は神とこの世界の関係の諸様態が矛盾無く弁明しうるか否かに関わろう．

神はこの世界に臨在する他者としてこの世界の救済に関わることもあるだろうし，また神はこの世界に到来する未来としてこの世界の終末に関わることもあるだろう．代数位相幾何学という限界付けられた無限の類型学は，神によるこの世界の救済や神によるこの世界の終末といった神とこの世界の関わり方の諸類型のモデルとなって，それぞれの類型が論理的に一貫するか否かを弁証するに違いない．

このようにキリスト教神学の根本的な言明，神によるこの世界の救済や神によるこの世界の終末といった言明の論理的一貫性を，集合論あるいは一般位相幾何学さらには代数位相幾何学等，無限を限界付ける諸様態の数学をモデルとして弁証すること，このような神学的営為を，数理神学と呼ぶ．すなわち数理神学とは，数学をモデルとする神学に他ならない．

それでは神学が数学をモデルとするとはいかなる事態か．私たちは隠喩という修辞法を知っている．隠喩とは，ある対象に述語を付与するに際して，その対象を述語付けるに適切な述語の範疇，カテゴリー，圏にはない述語を付与する，敢えて範疇錯誤，カテゴリー・ミステイクを犯すことにより，その対象の隠された属性，いまだかつて見えていない本質を明るみに出す方法である．

　たとえば神は父であると言う．これは隠喩である．もとより神が生物学的な意味で人間の父であるはずはなく，ましてや男性であるわけもない．神という対象に父という述語を付与することは，明らかに範疇錯誤，カテゴリー・ミステイクである．しかし神は父であると喩えることによって，神の見えていなかった何らかの属性が多少なりとも見えるようになったと考えることは出来ないか．

　あるいは神は現実的無限であると言う．これもまた隠喩である．もとより神の何であるか，神の本質は把握不能なのであるから，たとえ神に無限を述語付けたとしても，それが範疇錯誤，カテゴリー・ミステイクであることに変わりはない．しかし神を現実的無限，限界を持つ無限に喩えることにより，たとえば神は私たちの苦しみを共に苦しむといった神の隠された本質を垣間見たような気はしなかっただろうか．

　神に関する言明に限らず，およそ人間が未知なる対象を

述語付けようとするとき，私たちは隠喩に依らざるをえない．私たちは未知なる対象を何か他のものに喩えることによって，その対象の何であるかに近付こうとするのである．科学という営為において，この未知なる対象を喩える何か他のものをその対象のモデルと呼ぶ．言うまでもなく数学はほとんど全ての科学にそのモデルを与えている．

したがって数学が神学のモデルとなるという事態は，神学の対象に，明らかに範疇錯誤，カテゴリー・ミステイクである数学の概念を述語付ける，神学の対象に隠喩として数学の概念を述語付けることに他ならない．すなわち神学の対象を数学の概念に喩えることの他ではない．そのことによって神学は自らの対象が論理的一貫性を持ちえるか否かを弁証出来るようになる．キリスト教という宗教の弁証学としての神学が可能となるのである．

ある対象に適切な述語の範疇，カテゴリー，圏から敢えて逸脱した述語を付与する，すなわち意識的に範疇錯誤，カテゴリー・ミステイクを犯すこの隠喩という方法は，数学における関手，代数位相幾何学の文脈で言えばホモロジー関手と家族的に類似している．何故なら関手とは，対象と射（述語）を備えた一つの圏，カテゴリーから他の圏，カテゴリーへの写像に他ならないからである．この隠喩と関手の比較は第6章の最後で行おう．

それではカントルの数学と神学が20世紀の位相幾何学

と神学に確かに継承され豊かに発展して行く過程を後半3章に見て行こう．カントルの数学と神学の射程距離は遠く21世紀現代の位相幾何学と神学，位相神学の視座に立って初めて漸くその限界が見えて来るのである．

第4章　一般位相幾何

位相空間

集合 X の部分集合の集合 Y, すなわち

$$Y \subset P(X)$$

が,

$$\cup Y \in Y$$

Y の上限 $\cup Y$ は Y の元すなわち X の部分集合であり, かつ,

$$O_1,\ O_2 \in Y \to O_1 \cap O_2 \in Y$$

Y の有限個の元の共通集合は Y の元であるとき, X を位相空間と呼ぶ. またこれら二つの条件を充たす Y を開集合系と呼び, Y の元すなわち X の部分集合を開集合と呼ぶ.

位相空間の定義において注意すべきことは，X の開集合系 Y の上限 $\cup Y$ は X の無限個の部分集合の和を含むこと，及び X の部分集合は X それ自身を含むことである．したがって Y が X の全ての部分集合の集合すなわち X のベキ集合 $P(X)$ に一致する，

$$Y = P(X)$$

であったとしても，

$$\cup P(X) = X \in P(X)$$

となり，かつ部分集合の共通集合は部分集合であるから，条件は充たされる．

たとえば全ての自然数の集合 ω を考えてみよう．ω の開集合系として ω の後続数

$$\omega \cup \{\omega\}$$

を取れば，

$$\cup [\omega \cup \{\omega\}] = \omega \in \omega \cup \{\omega\}$$

となり，かつ任意の自然数 m, n

$$m \subset n$$

に対して，

$$m, n \in \omega \cup \{\omega\} \to m \cap n = m \in \omega \cup \{\omega\}$$

が成り立つので，ω は位相空間である．

全ての複素数の集合すなわち複素平面 C はどうか．C の開集合系としてリーマン球面

$$C \cup \{C\} = C \cup \{\infty\}$$

を考えてみよう．このとき，

$$\cup [C \cup \{\infty\}] = \infty \in C \cup \{\infty\}$$

が成り立つ．かつ任意の複素数の集合の共通集合は複素数であるから，C は位相空間である．

ω と C の例から一般に，無限集合であってその上限が存在するならば，その集合は位相空間であると言えそうである．あるいはむしろ位相空間は上限の存在する無限集合，

限界を有する無限空間をその典型とすると言うべきかも知れない．カントルの無限集合の概念は，位相空間の概念に極めて自然に拡張されるのである．

　位相空間の間の写像を考える．位相空間 X から位相空間 Y への写像 f において，X の部分集合 A の f による像 $f(A)$ が Y の開集合であるとき，A も X の開集合であるならば，f は連続写像であると呼ぶ．このとき f の逆写像 f^{-1} が存在しかつ連続であるならば，f は位相同型写像あるいは同相写像であると呼ぶ．位相空間 X から位相空間 Y への写像 f が同相写像であるとき，X と Y は位相同型あるいは同相であると呼ぶ．

　位相空間 X と Y が同相であるとき X と Y を同一の空間であると見做す，これが位相幾何学の基本的な発想である．異なる位相空間 X と Y が同相であるとき X と Y を同一と見做すことを，X と Y を同一視すると呼ぶ．位相幾何学とは，全く異なる空間が適当な同相写像を見付け出すことによりいかに同一視されるかを追究する数学であると言うことも出来る．

　位相空間は限界を有する無限空間，たとえば全ての自然数の集合 ω や全ての複素数の集合すなわち複素平面 C を典型例とする．しかし ω や C の内部にはその限界である ω それ自身や C それ自身すなわち無限遠点 ∞ は存在しない．位相空間は無限空間の限界の存在は要請するが，それ

が空間の内部に存在するか否かは問わないのである．無限空間の限界がその内部に存在することを要請する概念こそコンパクトと呼ばれる概念に他ならない．

　位相空間 X がその開集合系 Y の上限 $\cup Y$ に等しい，すなわち，

$$X = \cup Y$$

であるとき，Y は X の開被覆であると呼ぶ．この開被覆 Y の有限個の元の和もまた X の開被覆である，すなわち，

$$O_1, \ O_2 \in Y \to X = O_1 \cup O_2$$

であるとき，$\{O_1, \ O_2\}$ を有限部分被覆と呼ぶ．

　位相空間 X の任意の開被覆が有限部分被覆を持つとき，X はコンパクトであると呼ぶ．全ての自然数の集合 ω で考えてみよう．ω には開被覆

$$\omega = \cup \omega$$

が存在するが，しかし開被覆 ω には有限個の和で ω を被覆しうる元は存在しない．それゆえ ω は位相空間ではあるがコンパクトではない．

これに対して ω の後続数 $\omega \cup \{\omega\}$ には，開被覆

$$\omega \cup \{\omega\} = \cup \{\omega, \{\omega\}\}$$

が必ず存在し，かつその有限部分被覆

$$\omega \cup \{\omega\} = \omega \cup \{\omega\}$$

が存在するので，$\omega \cup \{\omega\}$ はコンパクトである．

　これは $\omega \cup \{\omega\}$ の内部にはその上限

$$\cup [\omega \cup \{\omega\}] = \omega$$

が存在するのに対して，ω の内部にはその上限

$$\cup \omega = \omega$$

が存在しないことの結果である．何故なら位相空間はその上限が内部に存在するとき，上限それ自身と上限のみを元とする集合の和，したがって有限個の部分集合の和によって被覆されるからである．

　複素平面 C の場合はどうか．C の上限

$$\cup C = \infty$$

はもとより C の元ではないので，C はコンパクトではない．

これに対してリーマン球面 $C\cup\{\infty\}$ は，その上限

$$\cup[C\cup\{\infty\}] = \infty$$

が内部に存在するのでコンパクトである．

　ω と C の例から推測しうるように，位相空間 X がコンパクトでないとき，これをコンパクトにする方法が存在しそうである．すなわち位相空間 X それ自身と X の上限 $\cup X$ を元とする集合の和はコンパクトになる．いま位相空間 X それ自身はコンパクトでない場合を考えているのであるから，X はその上限 $\cup X$ を元としないので，

$$\cup X = X$$

である．したがって X をコンパクトにするためには，X と X 自身を元とする集合の和を考えればよい．すなわち，

$$X\cup\{X\}$$

である.これを位相空間 X のコンパクト化,X の上限 $\cup X$ を無限遠点 ∞ と見做せば,

$$X \cup \{X\} = X \cup \{\infty\}$$

であるので,位相空間 X の一点コンパクト化,あるいは発見者の名を冠して,アレクサンドロフのコンパクト化と呼ぶ.

全ての自然数の集合 ω の後続数 $\omega \cup \{\omega\}$ は ω のコンパクト化であり,リーマン球面 $C \cup \{\infty\}$ は複素平面 C のコンパクト化である.コンパクト化とは限界を有する無限空間としての位相空間にその限界を内部化することに他ならない.限界を有する無限は,自らの限界を自らの内部に有することにより,この世界の空間,この世界の図形として立ち現われる.リーマン球面はこの世界にいかなる図形として立ち現われるか,以下,順を追って見て行こう.

立体射影

第2章に見たように,リーマン球面 $C \cup \{\infty\}$ と2次元球面 S^2 の間には,写像

$$z \in C \to (2z/z^2+1,\ z^2-1/z^2+1) \in S^2$$

$$\infty \in \{\infty\} \to (0, 1) \in S^2$$

及び逆写像

$$t \neq 1, (w, t) \in S^2 \to w/(1-t) \in C$$

$$t = 1, (0, 1) \in S^2 \to \infty \in \{\infty\}$$

が存在する．この写像及び逆写像を立体射影と呼ぶ．

　立体射影は双射かつ連続であるので同相写像である(1)．したがってリーマン球面$C \cup \{\infty\}$と2次元球面S^2は同一視しうる．

$$C \cup \{\infty\} = S^2$$

である．複素平面Cという無限空間がその限界である無限遠点∞を内部化されることによってコンパクト化されたリーマン球面$C \cup \{\infty\}$は，2次元球面S^2というあたかも有限な空間と同一視され，この世界に立ち現われるのである．

球面

　2次元球面S^2がリーマン球面$C \cup \{\infty\}$と同一視される

$$S^2 = C \cup \{\infty\}$$

という事態を別の視角から考えてみよう．位相幾何学に最も特徴的な視角である．

これまで 2 次元球面 S^2 という概念を既知として使用して来たが，改めて球面とは何か，定義しよう．n 次元球面 S^n とは，$n+1$ 次元ユークリッド空間 R^{n+1} において，

$$S^n = \{(x_0,\ x_1,\ \cdots,\ x_n) \in R^{n+1}\,;\, x_0{}^2 + x_1{}^2 + \cdots + x_n{}^2 = 1\}$$

と定義される図形である．

$n = 2$ の場合すなわち 2 次元球面 S^2 の場合は，

$$S^2 = \{(x_0,\ x_1,\ x_2) \in R^3\,;\, x_0{}^2 + x_1{}^2 + x_2{}^2 = 1\}$$

と定義される．これは日常言語で使用される球面と同義となっていよう．

本書では n 次元複素空間 C^n を考えることが多い．そこで $2n$ 次元ユークリッド空間 R^{2n} を n 次元複素空間 C^n と同一視する．たとえば $2n+1$ 次元球面 S^{2n+1} とは，$n+1$ 次元複素空間 C^{n+1} において，

$$S^{2n+1} = \{(z_0,\ z_1,\ \cdots,\ z_n) \in C^{n+1}\,;\, z_0{}^2 + z_1{}^2 + \cdots + z_n{}^2 = 1\}$$

と定義される図形である.

n 次元球面 S^n には内部が存在する. n 次元球面 S^n 自身とその内部を合わせた図形を $n+1$ 次元球体 D^{n+1} と呼ぶ. したがって $n+1$ 次元球体 D^{n+1} は, $n+1$ 次元ユークリッド空間 R^{n+1} において,

$$D^{n+1} = \{(x_0, x_1, \cdots, x_n) \in R^{n+1} ; x_0^2 + x_1^2 + \cdots + x_n^2 \leq 1\}$$

と定義される図形である. このとき n 次元球面 S^n は $n+1$ 次元球体 D^{n+1} の境界であると呼び,

$$\partial D^{n+1} = S^n$$

と書く.

n 次元複素空間 C^n において, $2n$ 次元球体 D^{2n} が定義される. すなわち,

$$D^{2n} = \{(z_0, z_1, \cdots, z_{n-1}) \in C^n ; z_0^2 + z_1^2 + \cdots + z_{n-1}^2 \leq 1\}$$

である. $2n$ 次元球体 D^{2n} の境界 ∂D^{2n} は $2n-1$ 次元球面 S^{2n-1}

$$\partial D^{2n} = S^{2n-1} = \{(z_0, \ z_1, \ \cdots, \ z_{n-1}) \in C^n \ ;$$
$$z_0{}^2 + z_1{}^2 + \cdots + z_{n-1}{}^2 = 1\}$$

である．

$n=1$ の場合すなわち複素平面 C においては，2次元球体 D^2

$$D^2 = \{z \in C \ ; z^2 \leqq 1\}$$

及びその境界 ∂D^2 である1次元球面 S^1

$$S^1 = \{z \in C \ ; z^2 = 1\}$$

が定義される．この D^2 と S^1 が，リーマン球面 $C \cup \{\infty\}$ と2次元球面 S^2 が同一視される事態に対する別の視角を導く．

2次元球体 D^2 からその境界 ∂D^2 すなわち1次元球面 S^1 を除いた図形，言い換えれば2次元球体 D^2 の内部 $D^2 - S^1$ は，

$$D^2 - S^1 = \{z \in C \ ; z^2 < 1\}$$

と定義される．

2次元球体 D^2 の内部 D^2-S^1 から複素平面 C への写像

$$z \in D^2-S^1 \to z/\sqrt{1-z^2} \in C$$

を考えよう．この写像は D^2-S^1 の任意の元を C の元に写す連続写像である．この写像には逆写像

$$w \in C \to w/\sqrt{1+w^2} \in D^2-S^1$$

が存在しかつ連続である．したがってこの写像は同相写像となっている(2)．すなわち2次元球体 D^2 の内部 D^2-S^1 と複素平面 C は同相であり，同一視しうるのである．

2次元球体 D^2 の内部 D^2-S^1 は，言うまでもなく複素平面 C の真部分集合である．その D^2-S^1 が C の全体と同一視しうる．無限における部分と全体の一致の鮮やかな例である．位相幾何学はこの無限空間における部分と全体の一致，同一視を徹底的に活用する数学に他ならない．

さて2次元球体 D^2 の境界 ∂D^2 すなわち1次元球面 S^1 の全ての点を複素平面 C の無限遠点 ∞ 一点に写す写像

$$z \in S^1 \to \infty \in \{\infty\}$$

を考えよう．この写像を定値写像と呼ぶ．定値写像は全射

ではあるが単射ではなく，したがって逆写像は存在しない連続写像である．定値写像は S^1 の全ての点を∞一点に接着させる接着写像の典型例であり，位相幾何学で大活躍することになる．

2次元球体 D^2 はその内部 $D^2 - S^1$ とその境界 S^1 の和

$$D^2 = (D^2 - S^1) \cup S^1$$

である．その内部 $D^2 - S^1$ は複素平面 C と同一視しうる．かつその境界 S^1 から無限遠点∞への定値写像が存在する．したがって2次元球体 D^2 の境界 S^1 の全体を無限遠点∞に接着した図形 D^2/S^1 はリーマン球面 $C \cup \{\infty\}$ と同一視しうることになる．すなわち，

$$D^2/S^1 = C \cup \{\infty\}$$

である．

リーマン球面 $C \cup \{\infty\}$ は2次元球面 S^2 と同一視しうるのであるから，D^2/S^1 は S^2 と同一視しうる．すなわち，

$$D^2/S^1 = S^2$$

である．2次元球体 D^2 の境界 S^1 の全ての点を無限遠点

∞に写像した図形 D^2/S^1 は 2 次元球面 S^2 と同相なのである．

極めて興味深い結果ではないか．この結果は $2n$ 次元球面 S^{2n} に一般化される．$2n$ 次元球面 S^{2n} は $2n$ 次元球体 D^{2n} の境界である $2n-1$ 次元球面 S^{2n-1} の全体を無限遠点 ∞ に接着した図形 D^{2n}/S^{2n-1} と同相である．すなわち，

$$S^{2n} = D^{2n}/S^{2n-1}$$

である．これが球面に対する位相幾何学的な別の視角に他ならない．

$2n$ 次元球体 D^{2n} からその境界である $2n-1$ 次元球面 S^{2n-1} を取り除いた内部 $D^{2n}-S^{2n-1}$ は n 次元複素平面 C^n と同相である．すなわち $D^{2n}-S^{2n-1}$ から C^n への写像は，

$$(z_0, z_1, \cdots, z_{n-1}) \in D^{2n}-S^{2n-1} \to$$
$$(z_0/\sqrt{1-z_0^2-z_1^2-\cdots-z_{n-1}^2}, z_1/\sqrt{1-z_0^2-z_1^2-\cdots-z_{n-1}^2},$$
$$\cdots, z_{n-1}/\sqrt{1-z_0^2-z_1^2-\cdots-z_{n-1}^2}) \in C^n$$

で与えられ，かつ C^n から $D^{2n}-S^{2n-1}$ への逆写像は，

$$(w_0, w_1, \cdots, w_{n-1}) \in C^n \to$$
$$(w_0/\sqrt{1+w_0^2+w_1^2+\cdots+w_{n-1}^2},$$

$$w_1/\sqrt{1+w_0{}^2+w_1{}^2+\cdots+w_{n-1}{}^2},\ \cdots,$$
$$w_{n-1}/\sqrt{1+w_0{}^2+w_1{}^2+\cdots+w_{n-1}{}^2})\in D^{2n}-S^{2n-1}$$

で与えられ，いずれも連続である(3).

また $2n-1$ 次元球面 S^{2n-1} の全ての点を無限遠点 ∞ に写す定値写像

$$S^{2n-1}\to\{\infty\}$$

が存在する．

$2n$ 次元球体 D^{2n} はその内部 $D^{2n}-S^{2n-1}$ と境界 S^{2n-1} の和

$$D^{2n}=(D^{2n}-S^{2n-1})\cup S^{2n-1}$$

であるから，D^{2n} の境界 S^{2n-1} の全体を無限遠点 ∞ に接着した図形 D^{2n}/S^{2n-1} は n 次元複素空間 C^n と無限遠点 ∞ の和と同一視しうる．すなわち，

$$D^{2n}/S^{2n-1}=C^n\cup\{\infty\}$$

である．

したがって D^{2n}/S^{2n-1} と同一視される $2n$ 次元球面 S^{2n}

は n 次元複素平面 C^n と無限遠点 ∞ の和と同相であることになる. すなわち,

$$S^{2n} = C^n \cup \{\infty\}$$

である. $2n$ 次元球面 S^{2n} は n 次元複素平面 C^n という無限空間にその限界である無限遠点 ∞ を内部化した図形に他ならないのである.

第5章 代数位相幾何

射影空間

　限界を有する無限空間であるリーマン球面$C\cup\{\infty\}$の限界付けられたこの世界への立ち現われ方は2次元球面S^2に限られるわけではない．もう一つの決定的に重要な立ち現われ方が1次元複素射影空間P^1である．

　いま2次元複素空間C^2を考える．C^2から原点$0=(0,0)$を除いた空間$C^2-\{0\}$の点

$$(z_0, \ z_1)\in C^2-\{0\}$$

の座標の比

$$(z_0:z_1)$$

の全体を1次元複素射影空間あるいは複素射影直線P^1と呼ぶ．

　このとき$(z_0, \ z_1)$をその比$(z_0:z_1)$に写す写像，すなわち$C^2-\{0\}$からP^1への写像

$$(z_0, z_1) \in C^2 - \{0\} \to (z_0 : z_1) \in P^1$$

を射影と呼ぶ．P^1 を射影空間あるいは射影直線と呼ぶ所以である．

P^1 の点 $(z_0 : z_1)$ に対して，0 でない複素数 a すなわち

$$a \in C - \{0\}$$

との積を考えれば，P^1 の定義から明らかなように，

$$a(z_0 : z_1) = (az_0 : az_1) = (z_0 : z_1)$$

が成り立つ．P^1 をこの性質から定義する方法もある．

この性質より，

$$z_0 \neq 0$$

であるならば，

$$(z_0 : z_1) = (1 : z_1/z_0) \in P^1$$

となるので，P^1 から 1 次元複素空間すなわち複素平面 C への連続写像

$$(1 : z_1/z_0) \in P^1 \to z_1/z_0 \in C$$

が存在する．この写像には逆写像

$$w \in C \to (1 : w) \in P^1$$

が必ず存在しかつ連続である．

したがって複素射影直線 P^1 から

$$z_0 = 0$$

すなわち

$$(0 : z_1) \in P^1$$

を除いた空間

$$P^1 - \{(0 : z_1)\}$$

は1次元複素空間 C と同相

$$P^1 - \{(0 : z_1)\} = C$$

であることになる．$P^1 - \{(0 : z_1)\}$ と C は同一視しうるのである．

それでは P^1 の点 $(0 : z_1)$ は何か．P^1 の定義から，

$$(0 : z_1) = (0 : 1) \in P^1$$

である．

いま 0 でない複素数 z に対して，

$$z \in C - \{0\} \to (1 : z) = (1/z : 1) \in P^1 - \{(0 : 1)\}$$

が成り立つ．この

$$(1/z : 1) \in P^1 - \{(0 : 1)\}$$

に C の無限遠点 ∞ を代入すれば，

$$(0 : 1) \in P^1$$

となる．すなわち $(0 : 1)$ は C の無限遠点 ∞ に対応する P^1 の点となっているのである．

したがってリーマン球面 $C \cup \{\infty\}$ と複素射影直線 P^1 の間には写像

$$z \in C \to (1:z) \in P^1$$

$$\infty \in \{\infty\} \to (0:1) \in P^1$$

及び逆写像

$$z_0 \neq 0, \ (z_0, \ z_1) \in P^1 \to z_1/z_0 \in C$$

$$z_0 = 0, \ (0:1) \in P^1 \to \infty \in \{\infty\}$$

が存在し，いずれも連続である．すなわち $C \cup \{\infty\}$ と P^1 は同相

$$C \cup \{\infty\} = P^1$$

なのである．

1次元複素射影空間あるいは複素射影直線 P^1 という，2次元複素空間 C^2 の原点を除いた点の座標の比の全体として定義された空間がリーマン球面 $C \cup \{\infty\}$ と同一視しうる．極めて興味深い帰結ではないか．さらにリーマン球面 $C \cup \{\infty\}$ は2次元球面 S^2 と同相なのであるから，P^1 は S^2 と同相

$$P^1 = S^2$$

であることになる．1次元複素射影空間 P^1 は2次元球面 S^2 と共にリーマン球面 $C \cup \{\infty\}$ のこの世界への立ち現われに他ならない．

無限遠超平面

射影空間を考えることの真価は1次元複素射影空間を例とするのみでは理解しえない．何故なら1次元複素射影空間は2次元球面と区別しえないからである．したがって少なくとも2次元複素射影空間を例として初めて射影空間を考えることの本当の意義が明らかになる．

いま3次元複素空間 C^3 を考える．C^3 から原点 $0 = (0, 0, 0)$ を除いた空間 $C^3 - \{0\}$ の点

$$(z_0, \ z_1, \ z_2) \in C^3 - \{0\}$$

の座標の比

$$(z_0 : z_1 : z_2)$$

の全体を2次元複素射影空間あるいは複素射影平面 P^2 と呼ぶ．

1次元の場合と同様に，$C^3-\{0\}$ から P^2 への写像

$$(z_0,\ z_1,\ z_2)\in C^3-\{0\}\to(z_0:z_1:z_2)\in P^2$$

を射影と呼ぶ．

P^2 の点 $(z_0:z_1:z_2)$ に対して，0でない複素数 a すなわち

$$a\in C-\{0\}$$

との積を考えれば，P^2 の定義により，

$$a(z_0:z_1:z_2)=(az_0:az_1:az_2)=(z_0:z_1:z_2)$$

が成り立つ．1次元の場合と同様に，P^2 をこの性質から定義する方法もある．

この性質より，

$$z_0\neq 0$$

であるならば，

$$(z_0:z_1:z_2)=(1:z_1/z_0:z_2/z_0)\in P^2$$

となり，2次元複素射影空間 P^2 から2次元複素空間 C^2 への連続写像

$$(1:z_1/z_0:z_2/z_0) \in P^2 \to (z_1/z_0,\ z_2/z_0) \in C^2$$

が存在する．この写像には逆写像

$$(w_0,\ w_1) \in C^2 \to (1:w_0:w_1) \in P^2$$

が存在し，連続である．

したがって P^2 から

$$z_0 = 0$$

すなわち

$$(0:z_1:z_2) \in P^2$$

を除いた空間

$$P^2 - \{(0:z_1:z_2)\}$$

は C^2 と同相

$$P^2 - \{(0:z_1:z_2)\} = C^2$$

となる．

それでは $(0:z_1:z_2)$ は何か．P^2 の定義により，

$$(0:z_1:z_2) \neq (0:0:0)$$

であるから，

$$(z_1:z_2) \neq (0:0)$$

である．これは $(z_1:z_2)$ が 1 次元複素射影空間 P^1 の点であることを意味する．すなわち

$$(z_1:z_2) \in P^1$$

である．

いま P^2 の部分集合 $\{(0:z_1:z_2)\}$ から P^1 への写像

$$(0:z_1:z_2) \in \{(0:z_1:z_2)\} \to (z_1:z_2) \in P^1$$

を考えれば，連続であり，かつ逆写像

$$(z_1:z_2) \in P^1 \to (0:z_1:z_2) \in \{(0:z_1:z_2)\}$$

が存在し連続である．したがってP^2の部分集合$\{(0:z_1:z_2)\}$
とP^1は同相

$$\{(0:z_1:z_2)\} = P^1$$

であり，P^1はP^2の部分集合と同一視しうる．すなわち

$$P^1 \subset P^2$$

である．

2次元複素射影空間P^2の部分集合$\{(0:z_1:z_2)\}$と同一視された1次元複素射影空間P^1をP^2の無限遠超平面と呼ぶ．P^2を複素射影平面と呼びP^1を複素射影直線と呼ぶならば，P^2の無限遠超平面P^1は無限遠直線と呼ぶ方が適切であろう．いずれにせよP^2の部分集合と同一視されたP^1は無限遠の場所に位置付けられるのである．

さて$P^2 - \{(0:z_1:z_2)\}$はC^2と同相であり，$\{(0:z_1:z_2)\}$はP^1と同相であった．このとき

$$P^2 = [P^2 - \{(0:z_1:z_2)\}] \cup \{(0:z_1:z_2)\}$$

なのであるから，

$$P^2 = C^2 \cup P^1$$

が帰結する．2次元複素射影空間 P^2 は2次元複素空間 C^2 と無限遠超平面 P^1 の和と同相なのである．

前節で見たように，1次元複素射影空間 P^1 はリーマン球面 $C \cup \{\infty\}$ と同相

$$P^1 = C \cup \{\infty\}$$

であった．リーマン球面 $C \cup \{\infty\}$ は無限空間である1次元複素空間 C にその限界である無限遠点 ∞ を加えてコンパクト化した空間であった．

同様に2次元複素射影空間 P^2 は無限空間である2次元複素空間 C^2 にその限界である無限遠超平面 P^1 を加えてコンパクト化した空間であるとは考えられないか．無限遠超平面すなわち1次元複素射影空間 P^1 がコンパクトなのは明らかである．次節において2次元複素射影空間 P^2 もコンパクトであることは証明される．したがってコンパクトな2次元複素射影空間 P^2 はコンパクトではないが位相空間である2次元複素空間 C^2 にその限界と考えられる無限遠超平面 P^1 を加えてコンパクト化した空間であると言

って間違いはなさそうである(1)．もとより無限遠超平面 P^1 は一点ではない．前節で見たようにそれは2次元球面 S^2 である．したがって2次元複素射影空間 P^2 を生成するコンパクト化は無限遠点∞一点のみを加えるコンパクト化とは異なる．2次元複素射影空間 P^2 を生成するコンパクト化のために加えられる無限遠超平面 P^1 は，2次元より一つ次元の低い射影空間それ自身であり，2次元球面 S^2 という有限の広がりを持った超平面なのである．

　2次元複素射影空間 P^2 を生成するコンパクト化は無限空間 C^2 にその限界 P^1 を付け加えることの他ではないが，その付け加えられる限界 P^1 それ自身が射影空間であり，したがってそれ自身が無限空間 C にその限界∞を付け加えることによってコンパクト化した空間なのである．これは2次元複素射影空間 P^2 を生成するコンパクト化のたとえば2次元球面 S^2 を生成するコンパクト化と決定的に異なる点である．2次元球面 S^2 を生成するコンパクト化が無限遠点一点を付け加える1回限りの操作であるのに対して，2次元複素射影空間 P^2 を生成するコンパクト化はより低い次元の射影空間それ自身を生成するコンパクト化が与件として先行する言わば自己再帰的な操作なのである．

　本書で射影空間を考える意義はここにある．射影空間は，球面と同様，無限空間にその限界を内部化する操作の一つであるが，1回完結の操作である球面とは異なり，何回と

なく再帰する操作となっている．ここに無限の限界を内部化する操作の同一と差異のモデルがある．この同一と差異は第6章に述べる位相幾何学の神学への帰結を考慮するに際して決定的な重みを持つに違いない．

ホップ写像

　射影空間の意義あるいは無限遠超平面の位置付けは，射影空間に対するもう一つの見方，位相幾何学に極めて特徴的な見方を取ることによってより鮮明となるだろう．

　前章で見たように，2次元複素空間 C^2 は4次元球体 D^4 からその境界である3次元球面 S^3 を除いたその内部 $D^4 - S^3$ と同相であった．この D^4 の境界 S^3 から2次元複素射影空間 P^2 の無限遠超平面 P^1 への写像

$$(z_0, \ z_1) \in S^3 \to (z_0 : z_1) \in P^1$$

を考えよう．この写像を，その発見者の名を冠して，ホップ写像と呼ぶ．ホップ写像は D^4 の境界 S^3 の全ての点を P^1 すなわち2次元球面 S^2 に接着する接着写像であり，位相幾何学で最も活躍する写像である．

　ホップ写像は，$C^2 - \{0\}$ から P^1 への射影

$$(z_0, \ z_1) \in C^2 - \{0\} \to (z_0 : z_1) \in P^1$$

の変域を $C^2-\{0\}$ からその部分集合である S^3 に制限した写像に他ならない.

ホップ写像は全射連続写像である. 何故なら P^1 の任意の点 $(z_0:z_1)$ に対して原像

$$(cz_0/\sqrt{z_0{}^2+z_1{}^2},\ cz_1/\sqrt{z_0{}^2+z_1{}^2})\in S^3 \wedge c\in S^1$$

が存在し, かつ P^1 すなわち S^2 の開集合の原像は S^3 の開集合となっているからである(2). ただし P^1 の一点の原像は一点ではなく 1 次元球面 S^1 と同一視しうる集合である. したがってホップ写像は単射でありえず, それゆえ同相写像ではありえない.

前節の宿題を片付けよう. 2 次元複素射影空間 P^2 はコンパクトであるか. 一般位相幾何の結果としてコンパクトな位相空間の連続写像による像はコンパクトな位相空間であるという定理が存在する. いまホップ写像

$$(z_0,\ z_1,\ z_2)\in S^5 \to (z_0:z_1:z_2)\in P^2$$

を考えよう. S^3 から P^1 へのホップ写像と同様にこのホップ写像もまた全射連続写像である(3). ゆえに 5 次元球面 S^5 はコンパクトであるので P^2 はコンパクトである.

さて 4 次元球体 D^4 はその内部 D^4-S^3 と境界 S^3 の和

$$D^4 = (D^4 - S^3) \cup S^3$$

であった．この $D^4 - S^3$ は 2 次元複素空間 C^2 と同相であり，また S^3 から 2 次元複素射影空間 P^2 の無限遠超平面 P^1 へのホップ写像が存在した．したがって D^4 の境界 S^3 の全体をホップ写像によって P^1 に接着した図形は，

$$P^2 = C^2 \cup P^1$$

と同相であることになる．これが射影空間に対する位相幾何学に特徴的なもう一つの見方に他ならない．

この見方は n 次元複素射影空間 P^n に一般化される．いま n 次元複素空間 C^n は $2n$ 次元球体 D^{2n} からその境界である $2n-1$ 次元球面 S^{2n-1} を除いた内部 $D^{2n} - S^{2n-1}$ と同相である．また S^{2n-1} から P^n の無限遠超平面 P^{n-1} へのホップ写像

$$S^{2n-1} \to P^{n-1}$$

が存在する．

$2n$ 次元球体 D^{2n} はその内部 $D^{2n} - S^{2n-1}$ と境界 S^{2n-1} の和

$$D^{2n} = (D^{2n} - S^{2n-1}) \cup S^{2n-1}$$

であるので，D^{2n} の境界 S^{2n-1} の全体をホップ写像によって P^{n-1} に接着した図形は，

$$P^n = C^n \cup P^{n-1}$$

と同相になる．

n 次元複素射影空間 P^n は無限空間 C^n にその限界である無限遠超平面 P^{n-1} を付け加えてコンパクト化した空間に他ならない．しかも P^n の限界である無限遠超平面 P^{n-1} それ自身もまた無限空間 C^{n-1} にその限界である無限遠超平面 P^{n-2} を付け加えてコンパクト化した1次元低い射影空間それ自身の他ではない．射影空間は無限空間にその限界を内部化するために1次元低い自己自身を召還する空間なのである．

第6章　位相神学

　位相幾何学はキリスト教神学にその対象を喩えるモデルを与える．位相幾何学の対象である球面や射影空間といった位相空間を自らの対象である神のモデルとする神学を位相神学と呼ぼう．位相神学はカントルの無限集合をモデルとする数理神学，言わば集合論的神学の21世紀における最新版に他ならない．集合論的神学は無限に超越する神が限界付けられたこの世界に内在する矛盾を，神を無限集合，自らを限界とする無限に喩えることによって解決しようとした．位相神学は無限に超越する神が限界付けられたこの世界に内在する様々な在り方を，球面や射影空間といった様々な位相空間に喩えることによって，その論理的な一貫性を問うことになるだろう．位相神学は神とこの世界の多様な関わり方を位相幾何学に喩えることによって弁証する神学なのである．

　神とこの世界の関わり方は様々である．神がこの世界の他者としてこの世界に臨在し，この世界と共に苦しむことによってこの世界を救済する関わり方，神とこの世界の人称的な関わり方もあるだろうし，神がこの世界の未来とし

てこの世界に到来し，この世界に再び臨むことによってこの世界を終末に導く関わり方，神とこの世界の時称的な関わり方もあるだろう．以下，神とこの世界の様々な関わり方とそれを弁証しうる位相幾何学的なモデルを検討しよう．

救済論

キリスト教は何よりもまずイエスが十字架に付けられ苦しみ死んだという事実，イエスが受難したという事実から出発する．イエスは十字架に付けられ苦しみの中にあってこう叫んだ．

> わが神，わが神，なぜわたしをお見捨てになったのですか．（マルコ 15.34）

受難したイエスの傍らにあって一部始終を見守っていたマグダラのマリアを始めとする女たちそしてやがて使徒たちは，この受難したイエスと共に神が在った，神はイエスと共に受難した，神はイエスと共に十字架に付けられ苦しみ死んだと考えた．神が人間と共に受難した．神が人間と共に苦しみ死んだ．キリスト教という宗教はここに成立する．

神が存在するか否かという問いは，本質的な問いではない．神が存在するという事態は単なる信仰に過ぎない．数

学に喩えることが許されるならば，神の存在は無限集合の存在に喩えられる．言うまでもなく無限集合の存在は集合論の公理である(1)．したがって神の存在は他の諸命題を証明するための自らは証明されえない前提であると考えられる．神の存在証明と称する一切の努力は無駄であったと言う他はない．神は存在する，キリスト教を語る以上，このことは前提せざるをえないのである．

神が人間と共に受難する．神が人間と共に苦しみ死ぬ．そもそも人間が苦しみ死ぬ．人間が受難する．このことは人間であることのほとんど必然的な条件である．あるいは逆に苦しまず死ぬことのない人間に宗教は必要ない．人間は身体的な病苦や経済的な貧苦に，愛の欠如や希望の喪失に苦しむ．人間の存在も能力も限界を有する以上，人間がその限界に苦しむのは不可避である．すなわち人間は弱さを持たざるをえず，それゆえに苦しむ．神はその人間と共に苦しむのである．それゆえに神もまた弱さを持たざるをえない．神ご自身がこう言う．

　力は弱さの中でこそ十分に発揮されるのだ．(第二コリント 12.9)

神の力は弱さの中でこそ十分に発揮される．神は弱さの中で人間と弱さを共にし，人間の苦しみを共に苦しむ．神

が人間と弱さを分かち，人間の苦しみを共に苦しむ時，弱さを分かたれ，苦しみを共にされた人間は，そこに何らかの救いを見出しはしないだろうか．人間は自らの苦しみを共に苦しむ他者が傍らに在る時，苦しみそれ自体に何の相違もないとしても，そこに何らかの救いを感じ取るに違いない．神による人間の救済とはそうした事態の他ではない．

そもそもある人間の苦しみを共に苦しむことは，その人間を愛することではなかったか．ある人間の苦しみを共に苦しむ他者は，その人間を愛する他者ではなかったか．神は人間を愛する他者の他ではない．

> 愛することのない者は神を知りません．神は愛だからです．（第一ヨハネ 4.8）

神は愛である．神は人間を愛する．神は人間の苦しみを共に苦しむ．人間は自らの苦しみを共に苦しむ他者の臨在に救いを見出す．人間は臨在する他者の愛によって救済されるのである．このように神が人間を愛する関係，神が人間を愛する他者として人間に臨在する関係を，神と人間の人称的な関係と呼ぶことができよう．神と人間の人称的な関係を対象とする神学，そのような神学を人称神学と呼ぶ．

神と人間の人称的な関係，神が人間の苦しみを共に苦しみ，人間を愛することが可能であるのは，神が人間の弱さ

を共有し，人間の限界を自らの限界とする限りにおいてである．何故なら自らが弱さを持たない者に，他者の苦しみはついに苦しみえないからである．

しかし神は無限であり，限界を有さず，限界付けられたこの世界から絶対的に超越する存在ではなかったか．神は全能であり，人間の苦しみ，弱さ，限界など共有したくとも共有しえない無限の能力を有するのではなかったか．無限の存在と能力を有する神が存在と能力の限界に苦しむ人間の苦しみを共に苦しみうるのか．神は苦しむか．この問いをもう一度取り上げて見よう．

神は無限の能力を有しているのであるから，自らが能力を放棄することによって能力の限界に苦しむことができる，神は自己放棄によって人間の苦しみを共有しうるという有力説がある(2)．無限の能力を有していれば何でもできるのであるから能力の自己放棄もできるという一見論理的に一貫して見える説である．しかし神といえども自らがある事態を選択した時，その事態でない事態，その事態の否定を同時に選択することは不可能である．もしそれが可能であるならばそもそもある事態を選択するということ自体が無意味となる．したがって神がひとたび自らの能力を放棄したならば，同時にその能力を放棄しないことは不可能なのであるから，神は能力に限界の有るただの人間となり，再び神となることはもはや不可能である．神はひとたび自ら

の能力を自己放棄したならば，もはや存在しえないのである．キリスト教の自己否定であると言う他はない．

　神は神であるがままで人間の苦しみを共に苦しまねばならない．神は無限でありながら限界を有さねばならないのである．日常言語の無限であることと限界を有することの意味から言えば端的な論理矛盾の他ではない．論理矛盾こそ宗教だという言説の是非はもう問わなくともいいだろう．宗教の言説といえどもそこに論理矛盾が含まれていれば単なる無意味な言説に過ぎないのである．

　神を位相空間に喩える位相神学が要請されるのはこの文脈においてである．位相空間においては無限が無限でありながら自らの限界を有することに何の矛盾も存在しない．神を球面に喩えて見よう．球面は自らの限界を有する無限である位相空間がその限界を内部化することによってあたかも有限な存在としてこの世界に立ち現われた無限である．神のモデルとして球面を考えるならば，神が無限でありながら限界を有することが矛盾なく弁証されるのみならず，神が自らの限界を自らの内部に取り込むことによってあたかも有限な存在と同一視され，限界付けられたこの世界に内在することもまた矛盾なく弁証される．神を球面に喩えることによって，神と人間の人称的な関係，神が人間を愛する他者として人間に臨在する関係が，論理的に無矛盾な関係として弁証されるのである．

神を球面に喩えることは位相幾何学の言葉へ逐語的に翻訳すればこういうことである．神は自らの限界を有する無限である．神は無限遠点∞という限界を有する1次元複素空間 C という無限の位相空間に喩えられる．神は自らの限界を自らの内部に取り込む．神は無限の C にその限界∞を付け加えてコンパクト化したリーマン球面 $C\cup\{\infty\}$ に喩えられる．神はあたかも有限な存在と同一視され，限界付けられたこの世界に内在する．神はリーマン球面 $C\cup\{\infty\}$ と同相な2次元球面 S^2 に喩えられる．2次元球面 S^2 は紛れもなくこの世界に存在する限界付けられた図形である．

　球面を神のモデルと考えることによって，神が自らの限界を有する無限であること，神が無限でありながらあたかも有限な存在としてこの世界に内在することのいずれもが無矛盾な言明として弁証される．神が自らの限界を有する無限であることのみを弁証するためなら，カントルと同様，神を無限集合に喩えれば充分である．しかし神が無限でありながらあたかも有限な存在としてこの世界に内在することまでを弁証するためには，神を球面に喩えることが不可欠である．球面はこの世界に内在する神の隠喩に他ならない．

　球面は人称神学における神のモデルである．しかし神学は人称神学に留まるものではない．たとえば時称神学が考

えられよう．それでは時称神学における神のモデルは何か．

終末論

　イエスが十字架に付けられ苦しみ死んだ後，受難したイエスと共に神が在ったと考えたヨハネやペトロやヤコブら使徒たちを中心に原始キリスト教会は成立した．原始キリスト教会の宣教内容，ケリュグマは，第一にイエスの受難は，神ご自身がそれを共にしたことにおいて，この世界を救済する，第二にしたがってイエスは救世主，キリストであり，この世界の終末に再臨する，の二点に尽きる(3)．原始キリスト教会は，イエスの受難が神の愛であり，キリストの再臨が人間の希望であること，ただそれのみをひたすら説き続ける教会だったのである．

　神がこの世界を愛する他者としてこの世界に内在する関わり，神とこの世界の人称的な関わりの神学を人称神学と呼んだように，神がこの世界の希望する未来としてこの世界に再び到来する関わり，神とこの世界の言わば時称的な関わりの神学を時称神学と呼ぼう．キリスト教は，原始キリスト教会以来，この人称神学と時称神学の二つの神学を軸に展開して来た．伝統的な言葉遣いに言い換えれば人称神学は救済論，時称神学は終末論に他ならない．

　原始キリスト教会はイエス・キリストの再臨を常に祈っていた．

マラナ・タ（主よ，来てください）．（第一コリント 16.22）

　主イエスよ，来てください．（黙示録 22.20）

ローマ帝国やユダヤ教からの苛烈な弾圧と冷酷な差別に曝されていた原始教会は救世主，キリストが再臨するこの世界の終末を待望していた．

　主イエス・キリストが救い主として来られるのを，
　わたしたちは待っています．（フィリピ 3.20）

終末を待望する，このような事態は異常だろうか．人間は将来を，したがって何らかの意味における終末を配慮しながら現在を生きている．人間は将来への配慮なしに現在を生きることはおそらく不可能である．この将来への配慮を希望と呼ぶならば，人間は希望なしに現在を生きることはできない．それこそ人間が時称的な関わりにおいて生きるという事態なのである．

　終末を待望する，と言う．しかし終末は，人間個人の死がそうであるように，終末する当事者にとって自らが経験することは不可能な事態である．他者の死を看取るのではない．終末する世界を傍観するのではない．死とは自己の

死であり，終末とは自己の終末なのである．自己の死を経験し，自己の終末を生きることは，定義によって不可能である．したがって終末は，常に将来あるいは未来の出来事であり，希望の対象である他はない．終末は待望でしかありえないのである．

　終末を待望する，それは希望を持つことの他ではない．原始教会の終末論は何も異常な事態ではないのである．人間は希望を持つことなしに現在を生きることはできない．その希望がキリストの再臨なのである．

　　信仰と，希望と，愛，この三つはいつまでも残る．
　（第一コリント 13.13）

　イエスの受難を神が共にする愛，キリストの再臨への人間の希望，一切の前提である神の存在への信仰，この三つがキリスト教の全てである．イエスの受難を神が共にする愛が論理的に一貫しうることは，前節で見たように神を球面に喩えることによって弁証された．それではキリストの再臨への人間の希望は果たして論理的に一貫した事態であるか．十字架に付けられたイエスに臨在した神はこの世界に再び来臨するか．神はまた来るか．この問いが問われねばならない．

　神がこの世界に到来する事態は，神が十字架に付けられ

たイエスに臨在した時，ひとたび生起した．神が人間を愛する他者としてこの世界に臨在することは，神がこの世界に到来することに他ならない．神は少なくとも一度この世界に来臨したのである．したがって神が人間の希望する未来としてこの世界に到来することは，神が少なくとも二度この世界に来臨することに他ならない．キリストの来臨は再臨であらねばならないのである．

　神がこの世界に来臨すること，すなわち神がこの世界に臨在することは，無限に超越する神が自らの限界を内部化してこの世界に内在することに他ならなかった．少なくともイエスが受難した時，ひとたびは生起した神のこの世界への内在は，神を球面に喩えることによって論理的な一貫性を弁証しえた．球面は自らの限界を内部化してこの世界に内在する無限のモデルに他ならないからである．それでは神のこの世界への再臨，神のこの世界への再びの内在は，いかなる位相空間をモデルとしてその論理的な一貫性を弁証しうるのか．

　神を射影空間に喩えて見よう．射影空間は無限が自らの限界を内部化したコンパクトな位相空間である．この点において射影空間は球面と異ならない．すなわち射影空間は神のこの世界への内在のモデルとなりうる．しかし射影空間は内部化された自らの限界が1次元低い射影空間それ自身である．この点において射影空間は内部化された自らの

限界が無限遠点一点である球面と異なる．すなわち1次元低い射影空間それ自身もまた無限が自らの限界を内部化したコンパクトな位相空間となっている．したがって1次元低い射影空間，無限遠超平面と呼ばれる射影空間もまた神のこの世界への内在のモデルとなりうる．射影空間はそれ自身神のこの世界の内在のモデルとなる無限遠超平面を自らの限界として内部化することによって再び神のこの世界への内在のモデルとなるのである．

それゆえ射影空間は神のこの世界への再内在のモデルとなりうる．すなわち射影空間は神のこの世界への内在のモデルとなる無限遠超平面を自らの限界として内部化した無限であることによって，神のこの世界への内在が与件として先行する神のこの世界への内在のモデル，言い換えれば神のこの世界への再内在のモデルとなるのである．したがって神を射影空間に喩えるならば，神がこの世界に再臨することは無矛盾であることが弁証される．神を射影空間に喩える位相神学は，キリストの再臨といういかにも荒唐無稽な希望が論理的に一貫していることを弁証しうるのである．

これまでの議論を位相幾何学の言葉で逐語的に翻訳しよう．神は自らの限界を内部化した無限である．神は無限である1次元複素空間 C の限界である無限遠点 ∞ を内部化したリーマン球面 $C \cup \{\infty\}$ と同相な2次元球面 S^2 すなわ

ち1次元複素射影空間 P^1 に喩えられるか,あるいは無限である2次元複素空間 C^2 の限界である無限遠超平面 P^1 すなわち2次元球面 S^2 を内部化した2次元複素射影空間 P^2 に喩えられる.

神が人間を愛する他者としてこの世界に来臨する人称神学においては,神を球面 S^2 に喩えれば,無限の神が自らの限界を内部化することにより限界を有するこの世界に内在することの論理的一貫性は弁証しえた.しかし神が人間の希望する未来としてこの世界に再臨する時称神学においては,神を射影空間 P^2 に喩えなければ,ひとたびこの世界に内在した神が再びこの世界に内在することの論理的一貫性は弁証しえない.何故なら神がひとたびこの世界に内在したことは無限遠超平面 P^1 すなわち球面 S^2 に喩えることができるが,無限遠超平面 P^1 すなわち球面 S^2 を与件として先行させ自らの限界として内部化する無限である射影空間 P^2 でなければ,神が再びこの世界に内在することを喩えることはできないからである.

神を位相空間に喩える位相神学の到達点は差し当たりここまでである.それでは最後に神を位相空間に喩えることそれ自体を一体どのように考えればよいか.位相神学の方法論を再検討しよう.

ホモロジー

神を位相空間に喩えることは，神にその隠喩として位相空間を述語付けることに他ならない．隠喩とは何か，この問いに最も深い思考を巡らした一人であるポール・リクールにしたがって考えて見よう．リクールは隠喩をこう定義する(4).

隠喩的言表の中で起こっていることは，ギルバート・ライルが〈範疇錯誤〉と呼んだものに喩えられる．それは「ある範疇に属する事柄を，別の範疇に適合した固有語で表わすこと」である．確かに隠喩の定義も，これと根本的に違っているわけではない．隠喩はある事柄を，それに類似した別の事柄の用語で語ることである．そこで隠喩とは計算された範疇錯誤である，と言いたくなる．

隠喩は意図的な範疇錯誤である．範疇すなわちカテゴリーは，ある対象に適切な述語の集合に他ならない．カテゴリーはアリストテレス論理学の端緒であるカテゴリー論以来の概念であり，ある対象に固有の属性すなわち述語の全体を意味する．数学ではカテゴリーを圏と訳している．

隠喩は意図的に範疇錯誤すなわちカテゴリー・ミステイクを侵すことによって，ある対象に固有の範疇ではなく別の範疇の述語を付与する．そこではある対象と別の

述語の間に類似が働く．リクールは類似の働きをこう考える(5)．

　類似の概念構造は同一性と差異を対立させ，また結合するように見える．アリストテレスが〈類似〉を〈同一〉として指示するのは，彼のいい加減さのしるしではない．異なるものの中に同一なるものを見付け出すのが，類似を見ることなのである．ところで，〈類似〉の論理的構造を啓示するのが隠喩である．何故なら隠喩的言表においては，差異があるにも関わらず，矛盾があるにも関わらず，〈類似〉が認知されるからである．とすると類似とは述語的操作に相当する論理的範疇であり，述語的操作において，〈近づける〉ことは〈遠ざける〉ことの抵抗に出会う．換言すると，隠喩的言表では字義通りの矛盾が差異を保っているゆえに，隠喩は類似の作業を示すのである．〈同一〉と〈差異〉とは単に交じり合っているのではなく，対立したままである．この特質によって，謎は隠喩の中心に保持されている．隠喩では，〈同一〉が，〈差異〉にも関わらず働く．

　隠喩はある対象と別の範疇の述語の間に類似を働かせ，類似の働きは差異の中に同一を見出す．したがって隠喩は類似の働きを通じて異なるものの間に同一を見出し，ある対象のこれまで知られていなかった属性を発見するのであ

る．リクールは言う(6)．

　われわれが隠喩と呼び，初めは既定の用法からの逸脱現象として現われる言述の文彩は，あらゆる〈意味論的場〉を生み出し，したがって隠喩が遠ざかる元の用法を生み出した過程と同質なのである．〈類似を見〉させる同じ操作もまた，〈類を教える〉操作である．それはアリストテレスにおいても同様である．しかし，人はまだ知らないことを学ぶ，というのが正しいならば，類似を見させるというのは，差異の中に類を生み出すことであって，差異を超えて，概念の超越性において生み出すことではまだない．それこそアリストテレスが〈類としての近縁性〉という概念で意味しようとしたものである．隠喩はこの類概念の形成を準備段階で不意に捉えることを可能にする．

　隠喩はある対象のまだ知られていなかった類を生み出す．隠喩はある対象のこれまで隠されていた性質を明るみに出すのである．しかしある対象のこれまで隠されていた性質を明るみに出すことは，あらゆる発見の分けても科学的発見の本質ではなかったか．科学において隠喩の機能を遂行するのがモデルに他ならない．リクールはメアリ・ヘッセを引用して言う(7)．

「科学的説明の演繹モデルを修正し，補完して，理論的説明を〈説明されるもの〉の領域の隠喩的再記述と理解する必要がある」．

モデルは〈説明されるもの〉すなわち科学の対象の隠喩的再記述である．数学的モデルもまた隠喩であることは言うまでもない．したがって神学の対象たとえば神の隠喩すなわちモデルとして位相空間を使用することに何の問題もない．神を位相空間に喩えることにより，神とこの世界の関わりのこれまで問えなかった論理的一貫性が問えるようになるのみである．神学にとって数学的モデルは有益無害と言う他はない．

位相空間それ自身もまた自らの隠喩すなわちモデルを持つ．それがホモロジーに他ならない．いま位相空間とその間の連続写像の全体を位相空間の圏，カテゴリーと呼ぶ．このとき位相空間を対象，連続写像を射と呼ぶ．同様に加群を対象，その間の準同型写像を射とする加群の圏も考えられよう．この位相空間の圏から加群の圏への写像で，位相空間に加群を対応させ，連続写像に準同型写像を対応させるものをホモロジー関手と呼ぶ．

たとえば2次元球面 S^2 に対応するホモロジー加群 Hi は，

$$H_2(S^2) = G, \quad H_1(S^2) = 0, \quad H_0(S^2) = G$$

である．ただし G は自由加群である．

また2次元複素射影空間 P^2 に対応するホモロジー加群 Hi は，

$$H_4(P^2) = G, \quad H_3(P^2) = 0, \quad H_2(P^2) = G,$$
$$H_1(P^2) = 0, \quad H_0(P^2) = G$$

である．

一般に $2n$ 次元球面 S^{2n} のホモロジー加群は，

$$Hi(S^{2n}) = G, \quad i = 0, \ 2n$$

$$Hi(S^{2n}) = 0, \quad i \neq 0, \ 2n$$

であり，n 次元複素射影空間 P^n のホモロジー加群は，

$$Hi(P^n) = G, \quad i = 0, \ 2, \ \cdots, \ 2n$$

$$Hi(P^n) = 0, \quad i \neq 0, \ 2, \ \cdots, \ 2n$$

である．

位相空間が同相ならば対応するホモロジー加群は同型である．たとえば2次元球面S^2と1次元複素射影空間P^1は同相であるが，対応するホモロジー加群は

$$H_2(S^2) = H_2(P^1) = G, \quad H_1(S^2) = H_1(P^1) = 0,$$
$$H_0(S^2) = H_0(P^1) = G$$

となり同型である．

したがってホモロジー加群は位相空間の性質を保存する．それゆえホモロジー加群を調べれば位相空間の様子が分かる．一般に位相空間それ自身よりホモロジー加群の方が調べ易い．位相幾何学においてホモロジー論が発達した所以である．

ホモロジーは位相空間を加群に喩えることに他ならない．位相空間を加群に喩えることにより，加群を調べれば位相空間の性質が明らかになる．代数による位相の隠喩，位相のモデルとしての代数と言う他はない．位相神学は神学の対象を位相空間に喩えた．しかし自らの対象を位相空間に喩えただけでは，神学は位相幾何学の成果の半分も使用したことにならない．位相幾何学の最大の成果はホモロジー論である．神学は自らの対象のホモロジーを考えることができるに違いない．位相神学の前には広大な沃野が広がっている．位相神学はまだ始まったばかりなのである．

注
NOTES

第1章

1	Dauben [1979]	97
2	Dauben [1979]	97
3	落合 [2009]	113
4	Dauben [1979]	98
5	Dauben [1979]	99
6	Dauben [1979]	96

第2章

1	Dauben [1979]	59
2	Dauben [1979]	120
3	Dauben [1979]	69
4	Dauben [1979]	266
5	Dauben [1979]	50
6	Dauben [1979]	166
7	Dauben [1979]	55
8	Dauben [1979]	57

第3章

1	落合 [1995]	128
2	落合 [1991]	16
3	Dauben [1979]	97, 122
4	Dauben [1979]	141

5	Dauben [1979]	143
6	Dauben [1979]	145
7	Dauben [1979]	147
8	Dauben [1979]	95−99
9	志賀 [2009]	434−435
10	志賀 [2009]	567, 570−571

第4章

1	矢野 [1997]	93−94
2	服部 [1991]	97−98
3	服部 [1991]	97−98

第5章

1	川又 [2001]	51−52
2	川又 [2001]	61−62
3	川又 [2001]	61−62

第6章

1	落合 [2009]	87
2	McGrath [2007]	218−219
3	原口 [2009]	37−38
4	Ricœur [1975]	250
5	Ricœur [1975]	249−250
6	Ricœur [1975]	251−252
7	Ricœur [1975]	304

文 献 一 覧
BIBLIOGRAPHY

アクゼル，アミール
 2002 無限に魅入られた天才数学者達 早川書房

上野健爾
 1995 代数幾何入門 岩波書店

落合仁司
 1991 トマス・アクィナスの言語ゲーム 勁草書房
 1995 地中海の無限者
     東西キリスト教の神・人間論 勁草書房
 2009 数理神学を学ぶ人のために 世界思想社

川又雄二郎
 2001 射影空間の幾何学 朝倉書店

カントル，ゲオルグ
 1979 超限集合論 共立出版

佐藤肇
 2006 位相幾何 岩波書店

志賀浩二
 2009 数学の流れ30講　下 朝倉書店

田中一之
 2007 ゲーデルと20世紀の論理学4
     集合論とプラトニズム 東京大学出版会

中岡稔
 1970 位相幾何学　ホモロジー論 共立出版

ハーン，フェルディナン
 2006 新約聖書神学Ⅰ　上 日本基督教団出版局
 2007 新約聖書神学Ⅰ　下 日本基督教団出版局

服部晶夫
    1991   位相幾何学   岩波書店

原口尚彰
    2009   新約聖書神学概説   教文館

ブルバキ，ニコラ
    1968a   数学原論　位相1   東京図書
    1968b   数学原論　位相5   東京図書
    1968c   数学原論　位相2   東京図書
    1968d   数学原論　位相3   東京図書
    1969   数学原論　位相4   東京図書

マクグラス，アリスター
    2002   キリスト教神学入門   教文館
    2003   十字架の謎   教文館
    2007a   キリスト教神学資料集　上   キリスト新聞社
    2007b   キリスト教神学資料集　下   キリスト新聞社
    2008   総説　キリスト教   キリスト新聞社
    2009   プロテスタント思想文化史   教文館

ムーア，エイドリアン
    1996   無限　その哲学と数学   東京電機大学出版局

村田全
    1998   数学と哲学との間   玉川大学出版部

モルトマン，ユルゲン
    1968   希望の神学   新教出版社
    1990   三位一体と神の国   新教出版社
    1992   イエス・キリストの道   新教出版社
    1996   神の到来   新教出版社

矢野公一
    1997   距離空間と位相構造   共立出版

ラッカー，ラディ
    1986   無限と心　無限の科学と哲学　現代数学社

リクール，ポール
    2006   生きた隠喩　　　　　　　　　　岩波書店

Bourbaki, Nicolas
    2007a   Topologie générale
              Chapitres 1 à 4   Springer
    2007b   Topologie générale
              Chapitres 5 à 10   Springer

Dauben, Joseph W.
    1979   Georg Cantor   Princeton

Hallet, Michael
    1984   Cantorian Set Theory   Oxford

Hatcher, Allen
    2001   Algebraic Topology   Cambridge

Jech, Thomas
    2003   Set Theory   Springer

Kelley, John L.
    2008   General Topology   Ishi

Kunen, Kenneth
    1980   Set Theory   Elsevier

Ladd, George E.
    1993   Theology of New Testament Eerdmans

Lavine, Shaughan
    1994   Understanding the Infinite Harvard

Maor, Eli
    1987   To Infinity and Beyond   Princeton

McFague, Sallie
    1982   Metaphorical Theology   Fortress

McGrath, Alister E.
    2007   Christian Theology   Blackwell

Potter, Michael
    2004   Set Theory and Its Philosophy   Oxford

Ricœur, Paul
    1975   La Métaphore vive   Seuil

Rotman, Brian
    1993   Ad Infinitum   Stanford

Smullyan, Raymond
    1996   Set Theory and the Continuum   Oxford

Tiles, Mary
    1989   The Philosophy of Set Theory   Blackwell

著者紹介：

落合仁司（おちあい・ひとし）

1953年　東京で生まれる
1977年　東京大学経済学部卒業
1982年　東京大学大学院経済学研究科博士課程退学
1982年　同志社大学経済学部助手
1983年　　同　　　　　講師
1985年　　同　　　　　助教授
1991年　　同　　　　　教授
2008年　宗教哲学会理事

主な著書

数理神学を学ぶ人のために，世界思想社，2009
ギリシャ正教　無限の神，講談社，2001
神の証明－なぜ宗教は成り立つか－，講談社，1998
地中海の無限者－東西キリスト教の神・人間論－，勁草書房，1995
トマス・アクィナスの言語ゲーム，勁草書房，1991
保守主義の社会理論－ハイエク・ハート・オースティン－，勁草書房，1987

双書⑦・大数学者の数学／カントル

神学的数学の原型

2011年9月7日　初版1刷発行

著　者　　落合仁司
発行者　　富田　淳
発行所　　株式会社　現代数学社
〒606-8425　京都市左京区鹿ヶ谷西寺ノ前町1
TEL&FAX 075 (751) 0727　振替01010-8-11144
http://www.gensu.co.jp/

検印省略

ⒸHitoshi Ochiai, 2011
Printed in Japan

印刷・製本　　牟禮印刷株式会社

ISBN978-4-7687-0392-2　　　　　落丁・乱丁はお取替え致します．